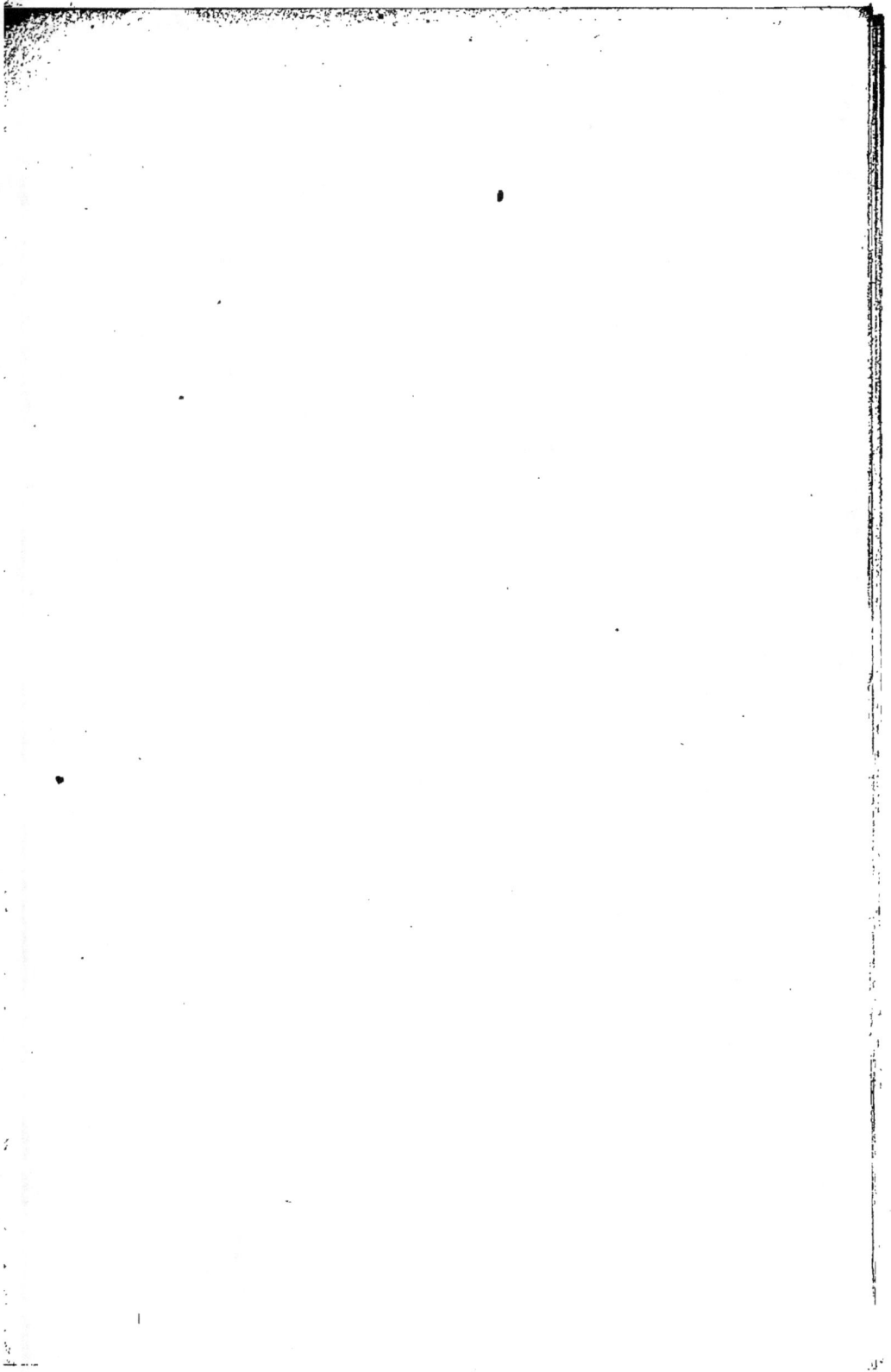

V

PETIT CATÉCHISME

DE

MACHINE A VAPEUR

A L'USAGE

DES CANDIDATS AUX GRADES DE LA MARINE DU COMMERCE,

et de toutes les personnes qui veulent acquérir sur ce sujet des notions élémentaires.

PAR

C. H. BELLANGER

ANCIEN ÉLÈVE DE L'ÉCOLE POLYTECHNIQUE, ANCIEN OFFICIER DE VAISSEAU

PROFESSEUR D'HYDROGRAPHIE.

PARIS

GAUTHIER-VILLARS

Libraire-éditeur

Quai des Grands-Augustins, 55.

SAINT-BRIEUC

GUYON FRANCISQUE

Imprimeur-Libraire

4, Rue Saint-Gilles, 4

1866

AVERTISSEMENT.

Ce petit ouvrage est le résumé des leçons que je fais à mes élèves depuis l'introduction, dans les écoles d'hydrographie, de l'étude des machines à vapeur.

Les bons résultats que jai obtenus, en le dictant, chaque année aux caboteurs, et quelquefois aux long-courriers, m'ont décidé à le publier, en y ajoutant quelques-uns des développements de l'enseignement oral.

Dans cet état, j'espère qu'il sera suffisant pour les deux catégories de candidats, et j'attends de la bienveillance de mes collègues le signalement des erreurs, des lacunes ou des développements inutiles qu'ils pourraient y reconnaître.

Les planches qui accompagnent ce catéchisme contiennent des dessins purement démonstratifs; la correction y a souvent été sacrifiée à la clarté ; ils pourront servir de modèles aux candidats, pour ceux qu'ils sont appelés à exécuter au tableau.

PETIT CATÉCHISME

DE

MACHINE A VAPEUR

MARINE

1. *Demande.* — Qu'est-ce qu'un corps ?

Réponse. — C'est tout ce qui subit l'action de la pesanteur autrement dit, qui a du poids.

2. *D.* Comment se divisent les corps ?

R. En corps solides, en corps liquides, en corps gazeux ou gaz. — Les **solides** changent difficilement de forme et de volume, exemple : les métaux, les pierres, les bois, etc. Les **liquides** changent très-facilement de figure (forme) et changent difficilement de volume, exemple : l'eau, les huiles, les esprits, les acides, etc. Les **gaz** changent très-facilement de forme et tendent constamment à augmenter leur volume, exemple : l'air composé des deux gaz **Oxigène** et **Azote**; l'**acide carbonique** qui se dégage de toutes les boissons dites gazeuses et se produit aussi quand on brûle du charbon; l'**acide sulfureux** qui se dégage quand on brûle des allumettes soufrées, produit une flamme bleue et une odeur caractéristique; l'**acide sulphydrique** qui se dégage des œufs pourris et en général des résidus organiques en décomposition : ce dernier gaz est extrèmement dangereux, $1/700^e$ environ dans l'air respiré suffit pour empoisonner un homme. Les gaz étant presque tous transparents sont presque tous invisibles. Les liquides sont nommés fluides **incompressibles**; et les gaz, **fluides élastiques**.

1

3. *D.* Comment supposez-vous que les corps soient formés?

R. On explique tous les phénomènes qui ont lieu dans les corps en admettant qu'ils sont formés de parties excessivement petites que l'on nomme **molécules** séparées les unes des autres par des vides excessivement petits. — Ces molécules tendent toujours à se rapprocher les unes des autres par ce que l'on nomme **l'attraction** ou **action moléculaire** ou **cohésion** : elles sont au contraire écartées l'une de l'autre, par ce qu'on appelle **la chaleur.**

Ainsi : quand l'action moléculaire prédomine, les corps sont à l'état **solide**, — quand l'action moléculaire et la chaleur sont sensiblement égales, les corps sont à l'état **liquide** ; — enfin, quand l'action répulsive de la chaleur est de beaucoup la plus forte, les corps sont à l'état **gazeux.**

4. *D.* Qu'est-ce que la **force**?

R. C'est la cause qui produit, change ou détruit le mouvement d'un corps. Les corps, en effet, ne peuvent d'eux-mêmes, ni se mettre en mouvement, ni modifier leur mouvement d'une manière quelconque.

Ce principe est connu sous le nom d'**inertie de la matière.**

5. *D.* Quelles sont les différentes manifestations de la force?

R. **La pesanteur** qui donne du poids aux corps, et les fait tomber quand ils ne sont pas retenus, — **la chaleur** qui augmente leur volume, — **la force** ou **action** ou **attraction moléculaire** ou **élasticité** qui empêche les corps solides de changer de forme, ou les fait revenir à cette première forme, quand celle-ci a été changée par une autre force. — La force **magnétique**, **électrique** qui se manifeste dans la **boussole**, le **télégraphe**, etc. — La force **musculaire** des hommes et des animaux qui sont nommés en mécanique, **moteurs animés**.

6. *D.* Comment détermine-t-on une force ?

R. Par son **point d'application**, — **par sa direction**, — par sa **grandeur** ou **intensité**.

7. *D.* Qu'est-ce que le point d'application d'une force ?

R. C'est le point du corps où elle est directement appliquée; exemple : quand un navire est halé à la touline, le point d'application est l'endroit où la cordelle est amarée.

8. *D.* Qu'est-ce que la direction d'une force ?

R. C'est la ligne droite qu'elle ferait parcourir à son point d'application si aucune autre force ne contrariait ce mouvement.

9. *D.* Qu'est-ce que la grandeur d'une force ?

R. C'est le nombre de kilogrammes qu'elle pourrait empêcher de tomber si elle était directement opposée à la pesanteur.

Remarque. La pesanteur a été choisie, pour comparer les forces entr'elles parce que c'est une des manifestations de la force qui se mesure le plus aisément sur la terre où nous vivons. — Rappelons que le kilogramme est l'action de la pesanteur sur un décimètre cube d'eau pure à 4° centigrades.

10. *D.* Comment mesure-t-on la grandeur d'une force ? (**Fig. 1.**)

R. A l'aide de **Dynamomètres.** — Ce sont des instruments formés d'un ou de plusieurs ressorts d'acier qui se courbent plus ou moins sous l'action de ces forces, et que l'on soumet à des poids connus, afin de pouvoir les graduer. Les dynamomètres ont des formes aussi variées que possible. Donnons en une idée par le plus simple : **ba** est un ressort d'acier horizontal fixé en **b** ; un crochet permet de suspendre au point **a** différents poids ; sous l'action de ces poids connus, le ressort prend les différentes formes **ba'**, **ba''**, **ba'''**. Ces points **a a' a'' a'''** pourront être déterminés sur un cadran, et toute force qui, dans les mêmes conditions, produira les mêmes effets, sera égale aux forces qui ont amené les différentes courbures du ressort.

11. *D.* Qu'est-ce que le **travail** d'une force ?

R. C'est un effet de cette force qui dépend non-seulement de sa grandeur, mais encore de la longueur parcourue par son point d'application ; — une force ne produit aucun travail quand elle ne déplace pas son point d'application ; — le travail d'une force est ce qui a de la valeur monétaire dans l'emploi de cette force.

12. *D.* Quelle est l'unité de travail ?

R. C'est le **kilogrammètre**, travail nécessaire pour élever un kilogramme à un mètre de hauteur, ou, plus généralement, pour vaincre une résistance de 1^{kg} et la déplacer de 1^m dans la direction de la force.

13. *D.* Comment mesure-t-on le travail d'une force ?

R. On détermine par le dynamomètre la grandeur de cette force en kilogrammes ; on mesure le chemin parcouru en mètres, en le projetant sur la direction de la force, s'il n'est pas dans cette direction ; le produit de ces deux nombres donne le travail en kilogrammètres.

Exemple : Un navire à vapeur remorque un autre navire, un dynamomètre placé sur la remorque indique $2,000^{kg}$; quand ils auront parcouru 100^m, le travail produit par le remorqueur, si le remorqué suit la direction de la remorque sera $2,000 \times 100 = 200,000$ kilogrammètres. — Mais si le remorqué court sur une route qui fasse avec la remorque un angle de 30°, par exemple, le travail sera 200,000 × cosinus 30° kilogrammètres.

14. *D.* Qu'est-ce qu'une **machine**?

R. Une **machine** est tout corps ou système de corps destiné à transmettre le travail d'une force, depuis l'endroit où elle se produit, jusqu'à celui où elle peut agir utilement.

Une machine est principalement destinée à la transformation des deux facteurs du travail qui sont : force et chemin parcouru; en effet, l'un des facteurs doit être tantôt très-grand, tantôt très-petit pour obtenir l'effet voulu.

Exemple : Dans la machine appelée **marteau**, le chemin parcouru par le moteur, qui est la main de l'homme, est très-grand relativement à celui qui est parcouru par le clou ; mais la force que fait le clou est très-grande par rapport à celle du moteur.

Exemple : quand l'homme agit sur la poignée de **l'aviron**, sa force est plus grande que celle que la pelle fait sur l'eau, mais le chemin parcouru par la main de l'homme est plus petit, etc.

15. *D.* Les **machines** augmentent-elles le travail des forces qui les emploient?

R. Au contraire, elles le diminuent **toujours**; quand une machine est en mouvement, il se produit des résistances que l'on nomme **inutiles** et qui sont attachées au jeu même de cette machine, tels sont les frottements, la résistance de l'air, etc. Une machine n'est donc qu'une nécessité coûteuse, et plus elle est simple, en général, mieux elle vaut.

Parmi les résistances, considérons spécialement le frottement de glissement et la résistance des fluides.

Le **frottement de glissement** est la résistance que présentent, à leur mouvement, deux corps qui glissent l'un sur l'autre,

1° Il est proportionnel à la pression normale qui s'exerce entre les surfaces frottantes; 2° il dépend de la nature et de l'état de poli de ces surfaces ainsi que de la nature et de la quantité du liquide qui les recouvre (les lubrifie) ; 3° il est indépendant de la **grandeur** des surfaces en contact et de la **vitesse** du mouvement.

Le frottement peut donc être représenté par la formule $F = P. K$ F étant le frottement en Kg ; P, la pression normale également en Kg et K, un cœfficient **dit** de frottement.

Pour les surfaces métalliques polies et lubrifiées d'une manière continue, la valeur de K est moyennement 0,1. Le travail dû au frottement sera donc P. K. L, L représentant le chemin parcouru par l'une des pièces frottantes relativement à l'autre.

Quant à la **résistance des fluides,** elle est déterminée par les lois suivantes : si l'on considère un élément plan d'un corps se mouvant dans un fluide, la résistance qu'il éprouve est **à peu-près** proportionnelle :

1° A sa surface ; 2° au carré de sa vitesse ; 3° à la densité du fluide ; 4° au sinus de l'angle de ce plan avec la direction du mouvement.

Elle peut donc être représentée par la formule : $R = S V^2 D K$, K étant un cœfficient déterminé par expérience et qui dépend de la grandeur de la surface, de la forme du corps entier et de la fluidité du liquide.

Le travail absorbé pendant le temps **t** où le chemin parcouru est **Vt** sera donc :

$$T = S. V^2. D. K \times V. t = S. V^3. D. K. t.$$

Il est donc proportionnel au cube de la vitesse.

16. *D.* Quelle est l'unité de puissance des machines ?

R. C'est le **cheval vapeur** qui est un travail de 75 kilogrammètres fait dans une seconde.

17. *D.* Qu'est-ce que la densité d'un corps ?

R. C'est le rapport de son poids au poids d'un égal volume d'eau, autrement dit : le nombre de grammes que pèse un centimètre cube de ce corps, où le nombre de kilogrammes qu'en pèse un décimètre cube, etc. On a donc :

Poids en grammes = volume en c^m cubes × densité.
Poids en kilogr. = volume en d^m cubes × densité.

DENSITÉS DES CORPS LES PLUS EMPLOYÉS.

MÉTAUX.

Argent..............	10,50
Cuivre.............	8,79
Etain..............	7,29
Fer fondu..........	7,70
Id. forgé..........	7,79
Laiton.............	8,40
Mercure............	13,60
Or.................	19,36
Plomb..............	11,35
Platine écroui.....	23,00
Id. forgé.......	20,34
Zinc...............	6,86

LIQUIDES.

Alcool rectifié.......	0.79
Id. 3/6.........	0,85
Chloroforme........	1,48
Eau distillée........	1,00
Eau de mer........	1,03
Ether..............	0,72

CORPS DIVERS.

Chêne sec..........	0,79
Gaïac..............	1,33
Liège..............	0,24
Sapin..............	0,66
Cristal............	2,49
Houille............	1,33
Suif...............	0,94

GAZ.

Air à 0° et 1 atm...	0,0013

Gaz (la densité de l'air étant prise pour unité) à 0° et 1 atmosphère.

Acide carbonique.....	1,52
Azote..............	0,98
Hydrogène..........	0,07
Oxigène............	1,10

18. *D.* Qu'est-ce que le principe d'**Archimède** ?

R. Un corps quelconque plongé dans un fluide, liquide ou gaz, y perd une partie de son poids égale au poids du fluide dont il tient la place ; ce principe porte le nom du géomètre qui l'a découvert.

19. *D.* Qu'est-ce que le principe **d'égalité de transmission de pression dans les fluides** ?

R. Quand un point d'une masse fluide, liquide ou gaz, est soumise à une certaine pression, tous les points de la même masse subissent et transmettent cette pression également dans tous les sens ; de sorte que si un centimètre carré subit une pression de 1 ^{kg}, chaque centimètre carré de surface pris dans la masse sera pressé avec une force de 1 ^{kg} ; chaque décimètre carré, avec une force de 100 ^{kg}, etc.

20. *D.* Qu'est-ce que le principe de l'**égalité de l'action à la réaction** ?

R. Quand un point A agit sur un point B avec une certaine force dans la direction A B, réciproquement, le point B agit sur le point A avec la même force et dans la direction B A.

21. *D.* Qu'est-ce que la loi de **Mariotte** ?

R. Cette loi découverte par le physicien français **Mariotte** consiste en ceci :

Si dans un vase fermé, un cylindre, par exemple, fermé par un piston mobile, on met un certain poids de gaz, les pressions exercées par ce gaz sur les surfaces du vase qui le renferme, seront en **raison inverse** des volumes occupés.

Ainsi, le volume étant un mètre cube et la pression sur chaque centimètre carré étant 1 kilog, si le volume devient 2, 3, 4 mètres cubes, la pression deviendra $\frac{1}{2}$, $\frac{1}{3}$, $\frac{1}{4}$ de kilogramme ; si, au contraire le volume devient $\frac{1}{2}$, $\frac{1}{3}$, $\frac{1}{4}$ de mètre cube, la pression sera 2, 3, 4 kilogrammes.

22. *D.* Qu'est-ce que l'**atmosphère** ?

R. C'est le corps gazeux qui entoure la terre jusqu'à une

hauteur d'environ 50,000 mètres ; ce corps gazeux s'appelle **air** et son ensemble **atmosphère**.

23. *D.* L'air est-il pesant ?

R. Oui, comme tous les corps ; avec certaines précautions, on peut le peser à l'aide d'une balance, et l'on reconnaît que 1^m cube pèse 1^{kg}, $1^{kg},3$ à la surface de la terre ; mais sa densité diminue rapidement à mesure que l'on monte.

24. *D.* Qu'est-ce que la pression atmosphérique ?

R C'est la pression, qu'en vertu de son poids, l'air exerce sur toutes les surfaces qui le supportent ; mais contrairement à celle des solides qui, par leurs poids, ne pressent que de haut en bas, la pression atmosphérique s'exerce également dans toutes les directions (19), elle diminue naturellement à mesure qu'on s'élève sur les montagnes et augmente quand on descend dans les puits, d'environ 1^{mm} pour 10 mètres.

25. *D.* Quelle est la grandeur de la pression atmosphérique ?

R. 1^{kg}, 033^g, sur chaque centimètre carré à la surface de la terre, autrement dit : au niveau moyen des mers.

26. *D.* Comment mesure-t-on la pression atmosphérique ?

R. Par la hauteur de la colonne de mercure du **baromètre** qui est au niveau moyen des mers ordinairement de $0^m,760$.

Dans nos pays la dépression du baromètre indique généralement du mauvais temps, et son élévation du beau temps ; mais ce ne sont pas des conséquences forcées.

Dans les régions tropicales, une forte dépression annonce généralement un ouragan.

27. *D.* Comment fait-on un baromètre ?

R. On remplit de mercure sec et pur un tube de verre

fermé par un bout, ayant environ 85^{cm} de hauteur de 3 à 10^{mm} de diamètre intérieur. On le renverse en mettant le doigt sur le bout ouvert pour empêcher le mercure de tomber, et l'on met ce bout dans un petit vase contenant du mercure sec et pur. On dresse et fixe le tout sur une planchette divisée en centimètres et millimètres, le zéro étant au niveau du mercure dans la cuvette. Quand le tube est vertical le mercure descend jusqu'à une hauteur de 76 c^{m}. C'est la pression atmosphérique qui l'empêche de tomber plus bas ; l'espace qui reste vide au-dessus du mercure s'appelle **chambre barométrique.**

Si la section du tube est 1^{cm} carré, le volume du mercure sera 7 6^{cm} cubes et, comme la densité du mercure est 13 59, et que l'on a : 76 × 13, 59 = 1,033 environ.

Il en résulte que 1^{k},033 est la pression atmosphérique sur chaque centimètre carré (17).

28. *D.* Qu'est-ce que le **vide** ?

R. On dit que le vide existe dans un espace fermé, quand il ne contient ni solide, ni liquide, ni gaz ; pourtant, dans les machines à vapeur, on dit qu'il y a vide quand la pression des gaz contenus est beaucoup plus faible que la pression atmosphérique.

29. *D.* Comment mesure-t-on le vide ?

R. Au moyen d'un baromètre dont la chambre communique avec l'espace vide. Le vide est parfait, si le mercure reste à 76^{cm}; on dit qu'il est moyen, s'il descend à 50, mauvais à 38, très-mauvais au-dessous. Pour mesurer le vide du condenseur on se sert plus généralement de manomètres métalliques.

30. *D.* Qu'est-ce que la **chaleur** ?

R. C'est la cause inconnue qui produit sur nous les

sensations du froid et du chaud, qui pénètre plus ou moins facilement dans tous les corps, qui les dilate, et les fait passer de l'état solide à l'état liquide, et de l'état liquide à l'état gazeux, ou bien les décompose; de sorte qu'un corps est à l'un de ces états, suivant la plus ou moins grande quantité de calorique dont il est pénétré, relativement à sa nature. Les mots chaleur et calorique s'emploient générale-ment l'un pour l'autre.

31. *D.* Qu'est-ce que la **température** d'un corps ?

R. C'est l'intensité plus ou moins grande avec laquelle la chaleur contenue dans ce corps tend à en sortir. Il ne faut pas confondre l'intensité de la chaleur avec la quantité de chaleur contenue dans un corps. Cette distinction se justifiera plus loin (37) (54).

32. *D.* Qu'est-ce qu'un **thermomètre**?

R. C'est l'instrument qui sert à mesurer la température des corps.

33. *D.* Comment fait-on un thermomètre? (Fig. 2).

R. On prend un tube de verre très-fin et partout d'égale section; à l'une des extrémités, on soude un réservoir ouvert à la partie qui se soude et d'une capacité beaucoup plus grande que celle du tube. On obtient ainsi une petite bouteille à goulot très-fin et très-allongé ; on remplit le tout de mer-cure pur, sec et chaud, on ferme au feu l'ouverture du tube tandis qu'il est encore rempli par le mercure dilaté.

32. *D.* Comment gradue-t-on le thermomètre? (Fig. 2).

R. On le met dans de la glace ou neige fondante ; le mercure descend dans le tube, parce qu'en se refroidissant il diminue de volume ; au point où il s'arrête N F on fait une marque. On plonge ensuite l'appareil dans de la vapeur d'eau bouillante ; le mercure monte parce qu'il se dilate ; au point d'arrêt E B , on fait une deuxième marque ; on le dresse sur une planchette qui doit porter les divisions.

1° Pour la **division centigrade** , on met 0 à la glace fondante , 100 à l'eau bouillante ; on divise l'intervalle en 100 parties égales et l'on prolonge les divisions en dessus et en dessous.

2° Pour la **division Réaumur** , on met 0 à la glace fondante , 80 à l'eau bouillante ; on divise l'intervalle en 80 parties égales , etc.

3° Pour la division **Farenheït** (Thermomètre anglais) , on met 32 à la glace fondante , 212 à l'eau bouillante , on divise l'intervalle en 180 parties égales , etc.

35. *D.* Comment mesure-t-on les quantités de chaleur absorbées ou rendues par les corps ?

R. Au moyen d'une unité spéciale nommée **calorie**.

36. *D.* Qu'est-ce qu'une **calorie** ?

R. C'est la quantité de chaleur qu'il faut fournir à 1 kilog. d'eau pour élever sa **température** de 1° du thermomètre centigrade. Cette quantité peut servir d'unité parce qu'elle est constante ; ainsi, il faut fournir la même quantité de chaleur à 1^{kg} d'eau pour élever sa température de 0° à 1°, de 10° à 11° ;... de 90° à 91°...

37. *D.* Qu'est-ce que le calorique spécifique d'un corps ?

R. C'est le nombre de calories qu'il faut fournir à 1 k^g de ce corps pour élever sa température de 1° du thermomètre centigrade.

CALORIQUES SPÉCIFIQUES DE QUELQUES CORPS.

Fer	0,144	Huile	0,310
Cuivre	0,095	Alcool	0,700
Plomb	0,031	à 0,80 de densité.	
Fonte	0,130		
Mercure	0,033	Bois de sapin	0,650
Houille	0,201	Bois de chêne	0.570

On voit par ce tableau qu'il faut fournir environ 30 fois moins de chaleur à un kilogr. de mercure qu'à un kilogr. d'eau pour élever leur température de la même quantité (31).

38. *D.* Quand est-ce qu'on dit qu'un corps est **bon** ou **mauvais conducteur** de la chaleur?

R. Un corps est **bon** ou **mauvais conducteur** de la chaleur suivant qu'il laisse plus ou moins facilement circuler le calorique dans sa masse. Tous les métaux sont bons conducteurs. Les liquides (le mercure excepté), les bois, les dépôts salins, les feutres et autres tissus, le verre sont très-mauvais conducteurs.

Ajoutons à ces considérations que les surfaces blanches et polies laissent difficilement entrer et sortir la chaleur des corps qu'elles recouvrent; le contraire a lieu pour les surfaces noires et dépolies. Ces propriétés des corps sont utilisées dans les machines à vapeur pour empêcher les refroidissements. Ainsi, tout le tuyautage est recouvert de feuilles de feutre, et, par dessus, d'une toile peinte en blanc.

39. *D.* Qu'est-ce qu'une **vapeur**?

R. C'est un liquide qui, sous l'influence de la chaleur, a passé à l'état gazeux; les vapeurs sont donc des **gaz**; mais on nomme généralement **vapeurs** ou **gaz vapeurs**, ceux qui sont liquides aux températures ordinaires. Désormais le mot de **vapeur** seul, désignera pour nous la vapeur d'eau.

40. *D.* Est-il nécessaire que l'eau soit très-chaude pour produire de la vapeur ?

R. Non, l'eau se réduit en vapeur à toute température ; la preuve en est dans ce fait que les corps mouillés se sèchent même quand il fait froid : la glace elle-même émet de la vapeur.

41. *D.* Qu'est-ce que l'**évaporation** ?

R. C'est la réduction lente de l'eau en vapeur aux températures ordinaires.

42. *D.* Qu'est-ce que la **vaporisation** ?

R. C'est la production rapide de vapeur, quand on chauffe l'eau très-fortement, comme dans les chaudières à vapeur.

43. *D.* Qu'est-ce que l'**ébullition** ?

R. C'est l'état d'un liquide qui se réduit en vapeur dans toute sa masse ; il s'y produit de grosses bulles qui viennent crever à la surface.

44. *D.* L'eau bout-elle toujours à la même température ?

R. Oui, quand elle est pure et soumise à la même pression. Sous la pression atmosphérique, elle bout à 100_0 ; mais si l'on renferme l'eau dans un vase où l'on fait un vide de plus en plus parfait, on voit l'eau bouillir à des températures de plus en plus basses.

45. *D.* Tous les liquides bouent-ils, sous la même pression, à la même température ?

R. Non : ainsi sous la pression atmosphérique

L'Alcool bout à............ 78°,6
L'Ether à................. 37, 8

Ces liquides sont plus volatils que l'eau.

Les Huiles, vers............	316
L'Eau de mer à............	100,7
L'Eau saturée de sel marin à.	108,0
L'Eau saturée de salpêtre à..	118,0
Le Mercure à.............	390,0

Ces liquides sont moins volatils que l'eau.

En mêlant à l'eau des liquides plus volatils, on avance son point d'ébullition. Si on y mêle des liquides moins volatils, ou bien si on y dissoud des sels, on retarde son point d'ébullution.

Les corps qui ne s'y dissolvent pas, tels que la sciure de bois, l'argile, etc., ne modifient pas son point d'ébullition.

46. D. L'eau bout-elle ordinairement dans les chaudières à vapeur?

R. Non; quand toutes les soupapes sont fermées, l'ébullition n'y est qu'accidentelle; on doit l'arrêter pour empêcher les projections d'eau dans les cylindres de vapeur et d'autres inconvénients.

47. D. Qu'appelle-t-on **tension** ou **pression** de la vapeur?

R. C'est la force plus ou moins grande avec laquelle elle tend à écarter les parois des vases qui la renferment.

Ces deux mots sont employés souvent l'un pour l'autre; cependant la force expansive de la vapeur se nomme **mieux tension** quand on l'évalue en atmosphères et **toujours pression** quand on l'évalue en kilogrammes par chaque centimètre carré de surface pressée.

Ainsi on dit : une **tension** ou **pression** de 2, 3, 4 atmosphères ou de 76. 152. centimètres de mercure; mais on dira toujours une **pression** de 2, 3, 4... kilogrammes par centimètre carré.

48. D. Comment mesure-t-on la pression de la vapeur?

R. Au moyen des **manomètres**; le plus usité est le manomètre métallique de M. Bourdon (Fig. 3). C'est un tube de laiton recourbé en spirale A B C de section très-plate s ; l'une des extrémités A communique avec la chaudière par le tuyau T muni d'un robinet R, l'autre extrémité C est fermée et porte l'articulation d'un petit levier D qui peut donner un mouvement de rotation à une aiguille E autour du point O ; le tout est enfermé dans un cylindre de tôle F et recouvert par une glace.

Quand la pression augmente dans le tube, la section tend à s'arrondir, le tube se redresse et marque la pression de la vapeur sur un petit cadran G. Les divisions du cadran correspondent à des centimètres de mercure ou à des atmosphères et fractions, suivant la grandeur des tensions à mesurer.

Quelques manomètres indiquent seulement l'excès de la pression de la vapeur sur la pression atmosphérique; cet excès se nomme pression **nominale**; il faut lui ajouter une atmosphère pour avoir la pression **effective**.

49. D. Qu'est-ce qu'une vapeur **saturée**?

R. C'est de la vapeur en contact avec son liquide, comme dans les chaudières à vapeur.

50. D. Qu'est-ce qu'une vapeur **désaturée** ou **surchauffée**?

R. C'est de la vapeur qui n'étant plus en contact avec son liquide est portée à une température plus élevée.

51. D. Qu'est-ce que la tension **maximun** de la vapeur?

R. C'est la plus haute tension que puisse acquérir la

vapeur saturée, elle ne dépend uniquement que de la température du liquide qui la produit. Contrairement à la loi de Mariotte, qui n'est vraie que pour les gaz permanents ou les vapeurs surchauffées, si on diminue le volume d'une vapeur saturée, une partie de la vapeur redevient liquide; si on augmente son volume, une partie de l'eau se réduit en vapeur; mais la tension reste la même à égalité de température.

Voici le tableau de quelques tensions maximum. La colonne **volume** indique le rapport du volume de la vapeur saturée à celui de l'eau qui l'a produite.

TENSIONS MAXIMUM DE LA VAPEUR D'EAU.

TEMPÉRATURE en degrés centigrades.	TENSION en atmosphères.	PRESSION en kilogr. par centimètre carré.	VOLUME.
40	»	0,072	20 343
100	1	1,033	1 695
121,5	2	2,066	896
135	3	3,099	619
145	4	4,132	476
153	5	5,165	389
160	6	6,198	328
166,4	7	7,231	286
»	»	»	»
200,5	15	15,495	»

On voit par ce tableau que quand le nombre de degrés a doublé, la tension est devenue 15 fois plus grande; on y voit

2

aussi qu'à 100° le volume de la vapeur est 1,695 fois plus grand que celui de l'eau qui l'a produite et que les volumes varient à peu près en raison inverse des tensions.

52. *D.* Comment croissent les tensions des vapeurs désaturées ou surchauffées ?

R. Très-lentement ; leur accroissement est à peu près proportionnel à celui de la température. Si l'on prend une vapeur saturée à 100° pour la surchauffer, sa tension à 200° n'atteindra pas 1 atm. 1/2.

53. *D.* Qu'est-ce que la condensation de la vapeur ?

R. C'est le retour de la vapeur à l'état liquide par le refroidissement ou la compression.

54. *D.* Quelle est la chaleur de vaporisation ?

R. Pour réduire un kilogramme d'eau en vapeur marquant 100°, si elle était d'abord à 0°, il faut 640 calories ; si l'eau marquait d'abord 100°, il n'en faudrait que 540. Ces 540 calories qui ne font pas impression sur le thermomètre et qui se combinent avec les molécules de l'eau pour la convertir en vapeur se nomment **calorique latent** ou **chaleur latente** de vaporisation.

Si l'eau marquait 40°, pour en convertir un k^g en vapeur à 100°, il faudrait 60 calories **sensibles** et 540 **latentes**, en tout 600 ; en général, et approximativement, 640 — t, t étant la température de l'eau que l'on vaporise.

55. *D.* La chaleur totale de vaporisation est-elle augmentée quand on veut réduire l'eau en vapeur marquant 121°, 135°, 145°... c'est-à-dire ayant une tension de 2, 3, 4... atmosphères ?

R Non, Watt a reconnu que la chaleur totale de vaporisation de 1^{kg} d'eau pris à t° était toujours sensiblement égale à 640 — t quelle que soit la température finale.

56. *D.* Comment condense-t-on la vapeur dans les machines ?

R. On fait entrer la vapeur dans un vase fermé appelé **condenseur** où arrive une pluie d'eau froide ; c'est la condensation par **injection** ; ou bien, elle passe dans de petits tubes autour desquels circule de l'eau froide ; c'est la condensation par **contact.**

57. *D.* Quelle est la chaleur abandonnée par la vapeur pendant la condensation ?

R. Elle est la même que la chaleur de vaporisation ; l'eau de condensation se mêle à l'eau d'injection, et si le mélange marque 40°, chaque kilogramme de vapeur aura perdu 640 — 40 = 600 calories.

58. Expliquez le mode d'action de la vapeur dans les machines ? (Fig. 4.)

R. Considérons un vase A B de forme cylindrique, séparé en deux parties étanches par un piston P. Ce piston est muni d'une tige qui sort par le couvercle du cylindre dans une garniture qui ne laisse passer ni l'air ni la vapeur. — Le cylindre communique par le haut et par le bas : 1° avec la chaudière G où se produit la vapeur ; 2° avec le condenseur D où elle redevient liquide ; — les quatre tuyaux peuvent être ouverts ou fermés par les robinets 1, 2, 3 et 4 ; l'appareil ne contient pas d'air.

Les robinets 1 et 4 étant ouverts, la vapeur arrive en A, par le dessus du piston avec une force de 1^{kg},033 par atmosphère de tension et par centimètre carré de surface du piston, tandis que le dessous du piston étant en communication avec le condenseur, n'éprouve qu'une pression presque nulle, ce piston descend donc avec une force d'environ 1^{kg} par atmosphère et par centimètre carré.

Quand le piston est arrivé au bas de sa course, si l'on ferme 1 et 4 et que l'on ouvre 2 et 3, le même effet se produira en sens inverse et le piston remontera avec la même force. La manœuvre de ces robinets permet donc de continuer le mouvement indéfiniment, si la chaudière fournit constamment de la vapeur et si la condensation peut toujours s'effectuer.

59. *D.* Comment exprime-t-on le travail produit par le piston ?

R. Soient :

S le nombre de centimètres carrés de la surface du piston.
K le nombre d'atmosphères de tension.
N le nombre de coups simples par seconde.
H le nombre de mètres de la course du piston.
P le nombre de chevaux de puissance.

La formule sera :

$$P = \frac{K \times S \times H \times N}{75}$$

Ou bien, si N' représente le nombre de coups doubles dans une minute :

$$P = \frac{2 \times K \times S \times H \times N'}{60 \times 75}$$

En effet, la pression par centimètre carré et par atmosphère est 1k,033 ; mais cette pression est en partie détruite par celle de la vapeur qui est en communication avec le condenseur et l'on admet 1kg par centimètre carré et par atmosphère de pression effective, donc :

K × S est le nombre de kg pour toute la surface du piston ;
K × S × H est le travail par coup simple du piston ;
K × S × H × N est le travail dans une seconde ;

et puisque le cheval vapeur est 75 ^{kgm} dans une seconde
$$\frac{K \times S \times H \times N}{75}$$ est bien le nombre de chevaux vapeur.

Si N' représente le nombre de coups doubles, aller et retour, dans une minute, $2 \times K \times S \times H \times N'$ sera le travail dans 1 minute; ce nombre divisé par 60 sera le travail dans une seconde et, divisé encore par 75, il sera enfin le nombre de chevaux vapeur. On aurait une formule plus exacte en remplaçant K par P — p, P étant la pression en kilogrammes par centimètre carré de la vapeur venant de la chaudière et p, celle du condenseur.

Si la machine était sans condensation, c'est-à-dire si la vapeur s'échappait à l'air libre p serait égal à 1^{kg},5 environ.

60. *D*. Cette formule donne-t-elle réellement la puissance d'une machine?

R. Non, par plusieurs raisons; 1° elle suppose que la vapeur ait toujours la même tension dans le cylindre ce qui n'a jamais lieu (129); 2° elle ne donnerait dans tous les cas que le travail du piston; mais pour avoir celui du propulseur, il faudrait en retrancher toutes les résistances inutiles qui sont tous les frottements des pièces mobiles, le travail de la pompe à air, de la pompe alimentaire et enfin le recul du propulseur.

Dans une bonne machine le travail du propulseur est à peu près la moitié du travail du piston.

61. *D*. Qu'appelle-t-on **force nominale** d'une machine?

R. C'est la puissance de cette machine calculée par une formule particulière, d'après les dimensions des cylindres, le nombre de coups de piston, etc.; en admettant qu'elle fonctionne à basse pression et sans détente variable. La puissance réelle est donc généralement beaucoup plus grande que la force nominale.

62. *D.* D'après ce que vous avez donné du mode d'action de la vapeur, de quoi se compose essentiellement un appareil marin?

R. Il faut évidemment :

1° Un appareil qui produise de la vapeur avec une tension déterminée par la résistance que doit vaincre le piston et en quantité suffisante pour que le piston batte le nombre de coups relatifs à la vitesse que l'on veut donner au navire : cet appareil est la **chaudière** ou **générateur**.

2° Le **cylindre de vapeur** ou simplement **cylindre** déjà défini.

3° L'appareil distributeur ou **tiroir** qui remplit l'office des 4 robinets indiqués pour la démonstration élémentaire du jeu de la vapeur.

4° Le **condenseur**, caisse de forme arbitraire, où la vapeur passe à l'état liquide.

5° L'**injection**, tuyau terminé en pomme d'arrosoir dans le condenseur, par lequel l'eau de la mer se précipite en pluie fine et refroidit la vapeur.

6° La **pompe à air** qui enlève l'eau d'injection et l'air qui s'y trouve toujours, pour les rejeter dans la **bâche**.

7° La **bâche**, réservoir de forme arbitraire où se puise l'eau d'alimentation, et d'où l'excédant retourne à la mer par le **tuyau de trop plein**.

8° La **pompe alimentaire**, qui puise l'eau de la bâche et la pousse dans la chaudière.

9° Le système de transmission du mouvement du piston à l'arbre moteur par les **bielles** et **manivelles**.

10° L'**arbre moteur** avec ses accessoires, les arbres des **roues** et celui de l'**hélice**.

11° Les propulseurs, **roues à aubes**, **hélice**.

63. *D.* A quoi tient la production plus ou moins grande de la vapeur dans la chaudière ?

R. Principalement à la quantité de combustible brûlé et par conséquent à la grandeur des surfaces de grille, à la forme, au bon état des chaudières et au mode de chauffage.

64. *D.* Avec la même chaudière, en brûlant également bien la même quantité de combustible, obtient-on la même puissance avec des tensions différentes 1, 2, 3 ou 4 atmosphères ?

R. Oui, si l'emploi de la vapeur est le même au point de vue de la **détente** (129) et de la condensation.

En effet, Watt a reconnu qu'il faut sensiblement le même nombre de calories pour obtenir un k^g de vapeur à 1, 2 ou 3... atmosphères. — De plus, à poids égal de vapeur, plus la tension est grande, plus le volume est petit (tableau N° 50) ; de telle sorte, que le produit $K \times S \times H \times N$ qui est proportionnel au travail de la vapeur dépensée et qui est aussi égal à son volume $S H N$ multiplié par sa pression K est un nombre sensiblement constant. On prouve d'ailleurs qu'une calorie utilisée **équivaut** à un nombre déterminé de kilogrammètres.

65. *D.* Peut-on dans la même chaudière produire de la vapeur à des tensions différentes ?

R. Oui, il suffit d'en dépenser moins et la tension devient plus grande.

66. *D.* Quelle est la limite de la tension que l'on peut obtenir ?

R. C'est uniquement la résistance de la chaudière. Ainsi, quand la vaporisation régulière est établie, si on ne donne pas d'issue à la vapeur tout en continuant de chauffer, sa pression augmente continuellement jusqu'à ce qu'elle fasse éclater la chaudière. Les chaudières sont essayées à des pressions beaucoup plus fortes que celles de régime.

67. *D.* Quels sont les avantages des machines à **basse** pression ?

R. Elles peuvent utiliser des chaudières complètement usées sans crainte d'accidents, le refroidissement est moins grand dans tout le système. Elles emploient moins de matières grasses pour les pièces chauffées par la vapeur, en général l'appareil tout entier se conserve bien.

68. *D.* Quels sont les désavantages des machines à **basse** pression ?

R. A puissance égale, les cylindres doivent être plus grands, l'appareil entier plus encombrant, la condensation y est forcée ; on ne peut donc plus s'en servir s'il y a des avaries dans le condenseur ou dans la pompe à air ; mais le plus grand désavantage, c'est que les basses pressions ne permettent qu'une détente très-limitée (129).

Les basses pressions sont de 1 atmosphère à 1 atmosphère 1/2.

69. *D.* Quels sont les avantages des machines à **haute** pression ?

R. L'appareil moteur est plus petit, moins encombrant ; on peut supprimer le condenseur, ce qui rend la machine très-simple, et, si l'on en a un, on peut s'en passer en cas d'avarie. La détente peut y être très-grande, ce qui donne une grande économie de combustible et permet de régler à volonté la vitesse de la machine.

70. *D.* Quels sont les désavantages des machines à **haute** pression ?

R. Les générateurs doivent être en parfait état, plus lourds que pour les basses pressions, les incrustations y sont plus fréquentes, la moindre fissure peut donner lieu à de graves accidents. Les refroidissements sont plus grands, la consommation du graissage plus forte, l'appareil entier d'une moindre durée.

Les hautes pressions vont de 2 1/2 atm. jusqu'à 4 dans la marine; à terre, jusqu'à 7 et 8 et au-delà.

71. *D.* Quelles sont les pressions généralement employées dans la marine?

R. Ce sont les moyennes pressions, de 1 1/2 à 2 1/2 atmosphères; les machines à moyenne pression sont à détente et à condensation, elles participent naturellement aux avantages et aux inconvénients qu'on vient de signaler.

72. *D.* Quelle est la chaudière ordinairement employée dans la marine? (Fig. 5, 6 et 7).

R. C'est la chaudière tubulaire à retour de flamme. Dans les grands navires, le générateur se divise en plusieurs corps de chaudière qui communiquent avec le **tuyau de vapeur** V par un tuyau spécial nommé **prise de vapeur** P.

Chaque prise de vapeur peut être fermée par une soupape dite **soupape d'arrêt** S, ce qui permet de n'employer qu'un nombre arbitraire de corps de chaudière.

73. *D.* Quel est le métal des chaudières?

R. La tôle de fer dont l'épaisseur varie de 8 à 12^{mm} suivant la pression de régime et la partie de la chaudière; les parties exposées à l'action immédiate du feu ont la plus grande épaisseur. Ces tôles sont rivées les unes sur les autres.

74. Quelle est la forme générale des chaudières? (Fig. 5 et 6).

R. A peu-près la forme d'un parallélipipède rectangle à

angles arrondis ; elles ont environ 3^m de profondeur, la hauteur et la largeur sont variables. Chaque corps de chaudière porte de 3 à 4 **fourneaux** ; les fourneaux sont divisés en deux parties par la surface des grilles g légèrement inclinées vers le fond pour faciliter la charge. L'espacement des barreaux de grille g est d'environ 1^{cm}, leur largeur supérieure de 3^{cm}, la partie supérieure du fourneau se nomme **foyer** F (*), elle reçoit le combustible ; la partie inférieure, **cendrier** C.

Les **tubes** T sont placés au-dessus des fourneaux, ils sont ouverts à leurs deux extrémités et laissent passer la flamme.

Ils sont rivés sur les **plaques à tubes** p, fortes tôles d'environ 2^{cm} percées pour les recevoir. Il y en a de 60 à 80 au-dessus de chaque fourneau, leur diamètre est de 6 à 8 centimètres, leur longueur 2^m ; ils sont ordinairement en cuivre jaune ou en tôle de fer et de 2 à 3^{mm} d'épaisseur.

La flamme sort par le fond des fourneaux, entre dans la **boîte à feu** D, passe par les tubes et fait **retour** sur l'avant de la chaudière dans la **boîte à fumée** E ; de là elle sort par la cheminée H.

Toutes les parties où passe la flamme sont entourées d'eau ; les tubes ont pour objet de rendre très-grande la surface de chauffe.

75. *D.* Qu'appelez-vous **surface de chauffe** ?

R. C'est toute la surface des conduits par où passe la flamme ; celle qui est exposée à l'action immédiate du feu se nomme surface directe de chauffe.

76. *D.* Qu'appelez-vous courants de flamme ?

R. Tous les conduits par où passe la flamme.

(*) Je propose ce mot de foyer qui me semble assez rationnel.

77. *D.* Qu'est-ce que la **boîte à feu**? (D Fig. 6).

R. C'est la partie de la chaudière située derrière les fourneaux; il y a une boîte à feu pour chaque fourneau.

78. *D.* Qu'est-ce que la **boîte à fumée**? (E Fig. 6).

R. C'est la partie de la chaudière située au-dessus des fourneaux et devant les tubes; elle est fermée par de grandes portes en tôle *e* munies d'écrans. Ces portes, en s'ouvrant laissent voir tous les tubes et permettent de les mettre en place, de les écouvillonner, de les tamponner en cas de rupture et de les changer.

79. *D.* Qu'est-ce que la **chambre à eau**?

R. C'est toute la partie de la chaudière occupée par l'eau: elle enveloppe tous les courants de flamme et s'élève jusqu'en **n n'** à 10 ou 15^{cm} au-dessus de la dernière ligne de tubes; les parties où l'eau se trouve resserrée entre deux tôles parallèles se nomment **lames d'eau**.

80. *D.* Qu'est-ce que la **chambre de vapeur**? (G Fig. 6).

R. C'est toute la partie de la chaudière située au-dessus de l'eau et occupée par la vapeur.

81. *D.* Qu'est-ce que **l'autel**? (A Fig. 6).

R. C'est une muraille en brique placée au fond des fourneaux qui porte l'extrémité arrière des grilles, retient le combustible et empêche d'être brûlées les tôles qu'elle recouvre.

82. *D.* Qu'est-ce que la **prise de vapeur**? (P Fig. 6).

R. C'est un tuyau qui s'ouvre dans la chambre de vapeur tout-à-fait en haut, qui, d'abord vertical, se recourbe, sort horizontalement de la chaudière pour communiquer avec le tuyau de vapeur. (V Fig. 7).

83. Qu'est-ce que la **soupape d'arrêt**? (S Fig. 7).

R. C'est une soupape, manœuvrée avec une vis, qui permet de fermer la prise de vapeur P et de rendre un corps de chaudière indépendant du reste de l'appareil générateur.

84. *D.* Quelles sont les autres installations ou organes indispensables au bon fonctionnement des chaudières?

R. Ce sont :

> La cheminée et la chemise de la cheminée;
> Les tirans et entretoises ;
> Le tuyau de prise d'eau et d'extraction à main ;
> Les tuyaux d'extraction continue ;
> Le tuyau d'alimentation ;
> Les indicateurs de niveau , tube indicateur et robinet de jauge ;
> Les manomètres ;
> Les soupapes de sûreté ;
> La soupape atmosphérique.

85. *D.* Qu'est-ce que la **cheminée**? (II Fig. 5 et 6).

R. C'est un cylindre en tôle qui surmonte la chaudière , traverse tous les ponts et s'élève à quelques mètres au-dessus du dernier. La cheminée termine les courants de flamme ; elle sert à produire le tirage et à porter la fumée assez haut pour qu'elle ne gêne pas sur le pont. Les cheminées sont **fixes, à rabattement** ou à **télescope**; elles sont tenues par des haubans qu'il faut avoir soin de mollir quand on chauffe.

86. *D.* Qu'est-ce que la **chemise de la cheminée**? (*h* Fig. 5 et 6),

R. C'est une enveloppe en tôle entourant la cheminée à une distance de 15 à 20 centimètres et s'élevant jusqu'à 1m,5 ou 2m au-dessus du dernier pont. L'air circule entre ces deux cylindres, et cette installation empêche les ponts d'être brûlés.

87. *D.* Qu'est-ce que les **tirans** et les **entretoises**?

R. Les tirans sont des barres de fer reliant les faces opposées des chaudières pour s'opposer à leur écartement.

Les entretoises sont de petits tirants reliant les surfaces opposées des lames d'eau.

88. *D.* Qu'est-ce que le **tuyau de prise d'eau** et **d'extraction à main**?

R. C'est un tuyau qui part du fond de chaque corps de chaudière et s'ouvre à la mer au-dessous de la flottaison, un robinet permet de l'ouvrir ou de le fermer. Il sert à laisser entrer l'eau de la mer dans les chaudières quand on veut faire le plein, à faire les extractions périodiques ou à main, à laisser sortir l'eau de la chaudière, quand on veut la vider et qu'il y a encore de la pression.

89. *D.* Qu'est-ce que les **tuyaux d'extraction continue**?

R. Ce sont des tuyaux qui s'ouvrent d'une part dans la chaudière à différentes hauteurs et d'autre part à la mer ; des robinets règlent leur ouverture et par suite, la quantité d'eau chassée.

90. *D.* Qu'est-ce que le **tuyau d'alimentation**?

R. C'est un tuyau qui fait communiquer la chaudière avec la boîte alimentaire ; un robinet règle son ouverture.

91. *D.* Qu'est-ce que le **tube indicateur**?

R. C'est un tube de cristal très-épais, dont le milieu correspond au niveau normal de l'eau dans la chaudière; il est maintenu à ses deux extrémités par des garnitures en bronze munies de robinets ; il communique avec l'intérieur par deux tuyaux qui débouchent, le plus élevé, au haut de la chambre de vapeur et le plus bas vers le fond de la chambre à eau. Un troisième robinet placé au bas du tube et qui reste ordinairement fermé permet de nettoyer le système sous la pression de la vapenr.

92. *D.* Qu'est-ce que les **robinets de jauge ?**

R. Ce sont trois robinets en forme de clef de barrique placés sur le devant des chaudières, à hauteur d'homme, et qui communiquent avec l'intérieur par trois tuyaux ; celui du milieu débouche à la hauteur du niveau normal ; celui du haut, quelques centimètres au-dessus ; celui du bas, quelques centimètres au-dessous.

Quand le niveau est bon, en ouvrant celui du haut, on ne doit avoir que de la vapeur ; en ouvrant celui du bas, que de l'eau ; et si le niveau était exact, le robinet du milieu donnerait un mélange d'eau et de vapeur.

93. *D.* Qu'est-ce que le **manomètre ?**

R. On a déjà dit que c'est un instrument destiné à mesurer la pression de la vapeur. Le plus usité est le manomètre de Bourdon, ou manomètre métallique (47 et Fig. 3).

94. *D.* Qu'est-ce qu'une **soupape de sûreté ?** (Fig. 8).

R. C'est l'appareil qui laisse échapper la vapeur par le tuyau **d'évasion** ou tuyau de **décharge des chaudières T**, quand la pression devient trop forte par suite d'un excès de chauffage relativement à la dépense de vapeur, ou bien quand on est stoppé.

Sur la paroi supérieure de la chaudière on ménage une ouverture circulaire dans laquelle est fixé un anneau de bronze *a*, c'est le siége de la soupape, l'ouverture de cet anneau est fermée par un disque en bronze muni d'une tige perpendiculaire à son plan : c'est la soupape *s*. Le tout est enveloppé par une boîte cylindrique b, dont le dessus est traversé par la tige de la soupape, dans une garniture et à frottements très-doux; de cette boîte part le tuyau d'évasion **T** qui élonge la cheminée. La soupape est maintenue ordinairement fermée par un lévier L s'appuyant sur la tige et portant un poids P.

La soupape de sûreté ne peut s'ouvrir d'elle-même que quand la pression de la vapeur, agissant de bas en haut, devient plus forte que celle que le poids P exerce de haut en bas; mais on peut l'ouvrir à volonté, en soulevant ce poids, par un système de léviers articulés aboutissant à portée du mécanicien.

Chaque corps de chaudière doit avoir deux soupapes de sûreté.

95. *D.* Comment doit se faire **l'ouverture** des soupapes de sûreté?

R. Elle doit se faire très-lentement; l'ouverture brusque, diminuant subitement la pression, donne lieu à des espèces de chocs qui disjoignent les tôles; elle occasionne des projections d'eau sur le pont et dans les cylindres; on a même vu des chaudières se vider par leur tuyau de décharge; c'est un effet analogue à celui des trombes d'eau.

96. *D.* Qu'est-ce que la **soupape atmosphérique**?

R. C'est une soupape s'ouvrant de dehors en dedans dans la chambre de vapeur. Quand on met bas les feux et qu'on vide la chaudière, la pression intérieure diminue rapidement et la pression atmosphérique écraserait les chaudières qui ne sont pas faites pour résister à des pressions extérieures, si l'air ne rentrait pas par la soupape atmosphérique.

97. *D.* Qu'est-ce qu'une **extraction**?

R. C'est le renvoi à la mer, sous la pression de la vapeur, d'une partie de l'eau de la chaudière par l'un ou l'autre des tuyaux d'extraction.

98. *D.* Pourquoi fait-on les extractions ?

R. Pour empêcher les sels toujours contenus dans toutes les eaux employées et surtout dans l'eau de mer de se déposer sur les tôles et d'y former des dépôts et des incrustations.

99. Qu'est-ce que les **dépôts** ?

R. Des matières vaseuses et salines qui se déposent sans prendre la consistance solide.

100. *D.* Qu'est-ce que les **incrustations** ?

R. Des matières excessivement dures qui se forment sur les surfaces de chauffe, par l'action de la chaleur sur les dépôts salins (*). Après une campagne on est quelquefois obligé d'employer le burin pour enlever ces incrustations.

101. *D.* Quels sont les inconvénients des incrustations ?

R. Ils sont très-graves : 1° ces matières, étant très-mauvais conducteurs du calorique, empêchent la chaleur d'arriver à l'eau et causent ainsi une grande perte de combustible.

2° Par cette raison, la chaleur s'accumule dans les tôles, les rougit et quelquefois les brûle ; on a vu des mécaniciens, au début de l'emploi des machines, mettre en très-peu de temps un appareil générateur hors de service.

3° Si dans ce cas une surface de chauffe étant rouge, la

(*) On emploie souvent les mots dépôts et incrustations l'un par l'autre ; mais comme il est toujours bon de donner aux mots techniques la valeur qui se rapproche le plus du langage ordinaire, je propose cette distinction ; si on ne l'accepte pas il suffira de supprimer la question 99 et de remplacer partout **incrustation** par **dépôt** ou réciproquement.

couche solide vient à se détacher , l'eau qui arrive sur cette surface rougie peut donner lieu à des explosions fulminantes.

102. *D.* Quand fait-on les extractions ?

R. Les extractions continues se font , comme le nom l'indique , continuellement. L'extraction supérieure , dont le tuyau aboutit un peu au-dessous du niveau de l'eau, enlève les matières déposées qui se trouvent en plus grande abondance dans les hauts, par suite du mouvement ascensionnel que leur communiquent les petites bulles de vapeur qui s'y collent , mais c'est dans le bas des chaudières que se trouve toujours l'eau la plus salée.

L'extraction **périodique** ou à **main** se fait généralement d'heure en heure.

103. *D.* Comment fait-on une extraction à main ?

R. On force un peu le chauffage et l'alimentation , on laisse monter l'eau à quelques centimètres au-dessus du niveau normal, on ouvre le robinet d'extraction , on laisse tomber l'eau à son niveau, puis on ferme le robinet.

104. *D.* Quelle est la quantité d'eau qu'il faut extraire ?

R. Dans les chaudières tubulaires , elle est la moitié de l'eau d'alimentation. La chaleur ainsi perdue est environ $1/20^e$ de la chaleur totale absorbée par l'eau. Pour admettre la petitesse relative de ce chiffre il faut se rappeler le calorique latent de vaporisation. Ce n'est en effet que de l'eau **liquide** que l'on jette à la mer.

105. *D.* Pourquoi les sels se déposent-ils dans les chaudières ?

R. Parce qu'une certaine quantité d'eau ne peut dissoudre qu'une quantité limitée de chaque espèce de sel. Quand elle ne peut plus en dissoudre, on dit qu'elle est **saturée** de ce sel. Or l'alimentation fournit toujours de l'eau salée, tandis que la vaporisation n'enlève que de l'eau pure ; donc, les différentes espèces de sels contenus dans l'eau de mer s'accumulent constamment dans les chaudières et finissent par se déposer. C'est ce qui rend les extractions indispensables dans presque toutes les machines.

106. *D.* Les extractions ne sont donc pas indispensables dans toutes les machines ?

R. Non, elles ne le sont pas dans celles qui ont des condenseurs secs, parce que les chaudières sont alimentées à l'eau distillée.

107. *D.* Comment juge-t-on de l'opportunité d'une extraction ?

R. Si l'on suppose que les extractions on été négligées, on prend au moyen du robinet inférieur de jauge de l'eau de la chaudière et on y plonge le **saturomètre** ou **pèse sel**. Comme l'eau est d'autant plus dense qu'elle est plus salée, il résulte du principe d'Archimède, que moins le saturomètre plonge, plus elle contient de sels en dissolution.

Un saturomètre est un tube de verre fermé aux deux bouts, lesté par du mercure ou de la grenaille de plomb afin qu'il se tienne vertical et qu'on gradue en le plongeant, d'abord dans de l'eau pure et ensuite dans une eau saturée de sel.

108. *D.* Qu'est-ce que la **combustion** ?

R. C'est la combinaison de certains corps appelés **combustibles** avec l'oxigène de l'air.

Cette combinaison se fait avec chaleur et lumière. Il faut ordinairement pour commencer la combustion porter ces corps à une haute température : c'est ce qu'on appelle vulgairement **allumer le feu**.

109. *D.* Qu'est-ce que la flamme et la fumée?

R. Ce sont les résultats gazeux de la combustion. Tant que ces gaz qui sont mélangés à de l'air non-brûlé, à de la vapeur d'eau, à des vapeurs bitumineuses et à des poussières de combustible, sont à la chaleur rouge, on les appelle **flamme.**

Quand ils sont assez refroidis pour n'être plus lumineux, on les appelle **fumée.** Les vapeurs bitumineuses et les poussières de charbon qui se déposent dans les courants de flamme y produisent de la **suie.**

110. *D.* Quels sont les résultats solides de la combustion?

R. Ce sont les cendres, les escarbilles et le machefer.

Les **cendres** sont des poussières terreuses incombustibles qui tombent dans le cendrier. Les **escarbilles** sont des petits morceaux de charbon incomplètement brûlés, mêlés à de petits fragments de machefer. Le **machefer** est formé de matières terreuses qui se vitrifient sous l'action de la chaleur, collent sur les grilles et rendent la combustion très-difficile. Si les escarbilles contiennent peu de machefer, et cela dépend de la qualité du charbon, on peut les brûler avec avantage. Autrement, on les jette à la mer avec les cendres.

111. *D.* Qu'est-ce qu'un **combustible?**

R. C'est une matière à bon marché qui peut se brûler facilement et produire ainsi une grande quantité de chaleur.

112. *D.* Quels sont les combustibles employés dans la marine?

R. Ce sont les houilles ou charbons de terre, beaucoup moins chères et moins encombrantes que les bois; on les divise en deux classes : les **charbons bitumineux** et les **anthracites.**

113. *D.* Comment classe-t-on les charbons bitumineux ? (*)

R. En trois espèces :

1° Les houilles **grasses** qui s'allument facilement donnent beaucoup de cendres et de fumée, collent sur les grilles ce qui rend le tirage difficile et leur emploi défectueux.

2° Les houilles **sèches**, meilleures à l'emploi que les houilles grasses, mais donnant beaucoup de machefer.

3° Les houilles **compactes** supérieures aux précédentes, brûlant bien, avec une longue flamme blanche et donnant peu de machefer.

En moyenne, la densité des houilles est 1,3 ; un hectolitre de houille cassée en morceaux de la grosseur du poing pèse 80 ^{kg}. C'est ce qu'on nomme le **poids à l'encombrement**.

Un kilogramme de houille développe en brûlant 7500 calories dont un peu moins de la moitié est utilisée dans les chaudières ordinaires, il peut, par conséquent, vaporiser 5 kilogrammes d'eau (53).

114. *D.* Qu'est-ce que les **anthracites**?

R. Ce sont des houilles composées de charbon presque pur, ils sont plus denses et par conséquent moins emcombrants que les houilles bitumineuses ; à poids égal, ils donnent plus de chaleur ; mais, employés seuls, ils sont difficiles à allumer et exigent un tirage forcé.

Le combustible usité dans la marine de l'Etat est un mélange par moitié de houilles grasses et d'anthracites.

115. *D.* Qu'est-ce que le **tirage**?

R. C'est le mouvement ascensionnel de l'air et des résul-

(*) Cette division, peut-être arbitraire, m'a semblé la plus simple.

tats gazeux de la combustion , à travers le combustible dans tous les courants de flamme et la cheminée : il est naturel ou forcé.

116. *D.* Qu'est-ce que le **tirage naturel** ?

R. C'est celui qui est produit par la légèreté spécifique des gaz chauds contenus dans les courants de flamme et la cheminée. Ceux-ci s'élèvent et la pression atmosphérique fait passer l'air froid par le cendrier et à travers le combustible, il s'y convertit en flamme et monte à son tour : ainsi de suite.

117. *D.* Qu'est-ce que le **tirage forcé** ?

R. C'est celui qu'on obtient en forçant l'air à traverser le combustible au moyen d'un ventilateur quelconque, ou, plus simplement, comme dans les locomotives , par un jet de vapeur à haute pression qui débouche de bas en haut dans la cheminée.

118. *D.* Qu'est-ce qu'une **explosion** ?

R. C'est la rupture partielle ou totale de la chaudière.

On distingue l'explosion par déchirement et l'explosion fulminante.

119. *D.* Qu'est-ce que l'explosion **par déchirement** ?

R. C'est la rupture d'une partie de la chaudière, occasionnée par le mauvais état des tôles ou un accroissement exagéré de pression. Ce genre d'explosion peu dangereux avec les basses pressions , peut avoir des conséquences terribles avec les pressions notablement supérieures à 1 atmosphère surtout si la déchirure a lieu dans la chambre à eau. Les catastrophes du **Comte-d'Eu** et du **Roland** en témoignent douloureusement. De toutes les personnes présentes dans la chambre des machines , aucune , je crois , n'a pu survivre à ses brûlures ;

mais celles qui n'y étaient pas n'ont rien eu à redouter. La seule manœuvre à faire en pareil cas est de jeter de grandes quantités d'eau dans la chambre des machines.

120 *D.* Qu'est-ce qu'une explosion **fulminante** ?

R. C'est la rupture subite et totale de la chaudière avec une violence comparable à celle d'une soute à poudre qui saute. Elle entraîne généralement la perte du navire et la mort d'une plus ou moins grande partie de l'équipage.

121. Quelles sont les causes des explosions fulminantes ?

R. Elles sont peu connues ; on en a donné peut-être une cinquantaine d'explications plus ou moins probables. Il est admis néanmoins qu'elles se produisent lorsque, par suite d'un abaissement anormal du niveau, des surfaces de chauffe étant rougies sont ensuite envahies par l'eau.

122. *D.* Comment peut-on prévoir et éviter une explosion fulminante ?

R. Toutes les fois que le niveau de l'eau est accidentellement devenu très-bas et que l'on suppose que des tôles sont rouges il y a lieu de craindre l'explosion.

Dans ce cas : il ne faut faire aucune manœuvre qui puisse conduire à des projections d'eau sur ces tôles, par conséquent : ne pas forcer l'alimentation — ne pas augmenter la dépense de vapeur — se bien garder de toucher aux soupapes de sûreté — mettre bas les feux et laisser refroidir la chaudière.

Remarque. Dans toutes les questions où il s'agit du cylindre de vapeur il faut se reporter aux figures 9, 10 et 11.

Les mêmes lettres sont mises sur ces trois dessins.

La figure 9 représente une coupe horizontale faite suivant R Q de la figure 10.

La figure 10 représente une coupe verticale faite suivant M N de la figure 9 et X Y de la figure 11.

La figure 11 représente l'élévation du cylindre vu du côté de la plaque de friction, la boîte à tiroir et le tiroir étant enlevés pour laisser voir l'aboutissement des orifices d'admission et de condensation ou d'évasion.

123. *D.* Décrivez le **cylindre** de vapeur?

R. Le cylindre de vapeur A B est un corps en fonte de fer ayant à l'intérieur une forme parfaitement cylindrique et à l'extérieur la même forme, sauf la partie où débouchent les **orifices** *a*, *b*, *c*, qui présente une surface plane ayant une largeur presqu'égale au diamètre du cylindre. Cette surface parfaitement dressée s'appelle **plaque de friction** *p*. C'est sur elle que s'appuie le **tiroir** T.

Des deux bases du cylindre, l'une est fixe et quelquefois du même jet de fonte; elle s'appelle le **fond du cylindre**; l'autre qui se nomme **couvercle** et qui est traversée par la tige K du piston se met en place après ce piston et est reliée au corps du cylindre par un nombre suffisant de boulons à écrou et de prisonniers.

124. *D.* Quels sont les **orifices** du cylindre?

R. 1° Le passage de la tige du piston qui traverse le couvercle dans une garniture dont la boîte est figurée sur les dessins 10 et 11 en G. Cette garniture a pour but de laisser libre le mouvement de va et vient de la tige tout en s'opposant au passage de l'air et de la vapeur (154). Cette installation existe dans toutes les circonstances analogues.

2° Les orifices d'admission de la vapeur *a*, *b* qui s'ouvrent intérieurement tout-à-fait aux deux bouts du cylindre et extérieurement sur la plaque de friction. Leur longueur est beaucoup plus grande que leur hauteur.

3° Dans toutes les machines qui ont un tiroir en coquille, entre les orifices d'admission, sur la plaque, s'ouvre l'orifice de condensation ou d'évasion *c* qui ne traverse pas tout le métal et débouche sur le côté de la plaque de friction d'où il communique avec le condenseur par le tuyau D.

4° Les soupapes de sûreté *s* placées ordinairement aux deux bases du cylindre, maintenues fermées par un ressort et qui s'ouvrent pour laisser échapper l'eau provenant de la condensation de la vapeur dans le cylindre, ou celle qui est projetée de la chaudière. Sans ces soupapes, l'eau qui est imcompressible se trouvant prise entre le piston et le fond ou couvercle du cylindre, pourrait déterminer la rupture de ces pièces — des robinets dits de **purge** et que l'on ouvre de temps en temps remplacent quelquefois les soupapes.

5° Les godets graisseurs, avec leurs robinets, qui permettent de laisser entrer dans le cylindre du suif fondu aspiré par le vide du condenseur pour graisser le portage du piston et rendre son mouvement plus doux. C'est ce qu'on appelle **lubrifier.**

125. *D.* Qu'est-ce que le **piston**? (Fig. 12).

R. C'est un disque en fonte composé de trois parties : le corps du piston, la couronne et les garnitures. La figure 12 est une section diamétrale du corps du piston, de la couronne C et des garnitures métalliques. Le vide *a* sert à loger les garnitures *g g'* ; *c c* est un vide annulaire qui ne sert qu'à donner plus de légèreté au piston ; *b* est celui où passe la tige du piston. Enfin *d d* sont les trous où passent les boulons de serrage de la couronne.

Les garnitures se composent de deux cercles en fonte (Fig. 13) tournés d'un diamètre plus grand que celui du cylindre. On coupe un arc de leur circonférence, afin qu'on puisse les resserrer et les faire entrer ainsi dans le cylindre, contre lequel leur élasticité les applique.

Quand le corps du piston est en place, on pose les deux garnitures l'une par dessus l'autre, de manière que les fentes soient aux extrémités d'un même diamètre ; puis on place la couronne et on la serre.

126. *D.* Qu'est-ce que la **tige** du piston ? (T Fig. 12).

R. C'est un cylindre en acier ou en fer étoffé (mélange de fer et d'acier). Le bas de cette tige porte un tronc de cône qui se loge dans le vide *b* du corps du piston, immédiatement au-dessus est un filet de vis destiné à recevoir un écrou circulaire qui se loge en *e*. Cette installation empêche évidemment la tige du piston de vaciller sur celui-ci.

127. Qu'est-ce que le **tiroir** ? (T. Fig. 9, 10 et 11).

R. C'est l'organe distributeur de la vapeur ; quand la machine est en marche, le tiroir est mis en mouvement par la machine elle-même. Le plus usité est le tiroir en **coquille**, représenté en perspective, figure 17, en coupe horizontale, figure 9, et en coupe verticale, figure 10 ; il ressemble tout-à-fait à un tiroir de table, et c'est d'où lui vient son nom ; il pose sur la plaque de friction *p*, y est maintenu par sa tige *t*, et fortement appliqué, quand la machine est en marche, par la pression de la vapeur. Les bords *d d'*, *e e'* parallèles aux orifices, se nomment les **barrettes**, et leur distance *d' e* doit être telle que l'un des orifices d'admission et celui de condensation soient en même temps enfermés dans l'intérieur du tiroir, comme on le voit dans les figures 10, 15 et 16. La plaque de friction *p* et le tiroir sont recouverts par la boîte à tiroir *b'* dans laquelle arrive la vapeur : celle-ci ne peut passer que par l'orifice qui n'est pas recouvert par le tiroir.

Ainsi, dans la figure 10, le tiroir fait communiquer l'orifice *a* avec le condenseur, et la vapeur ne peut entrer dans le cylindre que par l'orifice *b*. Le piston monte ; mais avant qu'il soit arrivé à l'extrémité de sa course, le tiroir aura changé de place, et le contraire aura lieu.

128 *D*. Qu'est-ce que la **régulation** du tiroir? (Fig. 14, 15 et 16.)

(Ces figures représentent seulement les aboutissements des orifices sur la plaque de friction *p*).

R. C'est l'opération par laquelle on règle la hauteur des barrettes, leur écartement et le rapport qui doit exister entre le mouvement du tiroir et celui du piston de vapeur.

Pour donner une idée de cette opération, supposons que les barrettes aient la même hauteur que les orifices d'admission, et que la distance *d' e* des barrettes soit égale à celle *a' b* de ces orifices. (Remarquous que la hauteur des barrettes ne peut être moindre que celle des orifices, sans quoi, dans une position du tiroir, la vapeur pourrait faire le tour de la barrette et s'en aller directement au condenseur, ainsi que le montre la figure 18).

Suposons le piston au bout de sa course ascendante; il est nécessaire qu'à l'instant même la vapeur commence à entrer au-dessus du piston, donc l'arrête *d* de la barrette supérieure (figure 14) doit affleurer l'arrête *a* de l'orifice supérieur, et le tiroir doit baisser. Mais comme antérieurement la vapeur a dû affluer librement au-dessous du piston, c'est-à-dire passer par l'orifice *b b'*, le tiroir a dû se trouver dans la position indiquée figure 15. Si nous supposons le piston au bas de sa course, nous reconnaîtrons de même que le tiroir doit encore se trouver dans la position figure 14, mais monter, et qu'il a dû se trouver antérieurement dans la position de la figure 16; par conséquent la machine **pourrait** marcher, si le piston, étant au sommet de sa course montante, le tiroir était au milieu de sa course descendante; et si, le piston étant au bas de sa course descendante, le tiroir était au milieu de sa course montante; les deux positions extrêmes du tiroir correspondraient naturellement aux deux positions moyennes du piston, à la descente et à la montée.

Donc, si le tiroir est mis en mouvement par une manivelle montée sur l'arbre de couche, cette manivelle devra **précéder** celle du piston de 90° + un petit angle **X**, qui dépend de la longueur de la bielle. Cette somme se nomme angle de **calage** (*). Nous voyons, de plus, que le rayon de la manivelle du tiroir est égal à la hauteur de l'orifice.

La machine pourrait ainsi marcher, **à la rigueur**; mais ce serait une très-mauvaise régulation. En effet : 1° Le piston arriverait à toute vapeur aux extrémités de sa course, c'est-à-dire à des positions où son travail est nul et où toute sa force ne tend qu'à briser l'arbre de couche; 2° au commencement de son renversement de mouvement, l'ouverture des orifices serait très-faible, soit du côté de l'admission, soit du côté de la condensation, il y aurait donc choc et temps d'arrêt; 3° comme le mouvement est continu, les orifices ne seraient pas encore largement ouverts au moment où le travail du piston est le plus efficace (page 52). Par toutes ces raisons, on a réglé le tiroir de manière à obtenir : **l'avance à l'admission**, **l'avance à l'évasion**, et, comme conséquence, **la détente fixe.**

129. *Q.* Qu'est-ce que l'avance à l'admission?

R. C'est l'ouverture de l'orifice d'admission, avant que le piston ne soit arrivé au bout de sa course, elle a pour but d'empêcher le piston d'arriver avec force à ses points morts, et de rendre plus grande l'ouverture de cet orifice, quand le piston, ayant dépassé ses points morts, travaille efficacement, on obtient cette avance en augmentant l'angle **de calage.**

(*) Cet angle **x** est donné par la relation :

$$\text{Sinus } x = \frac{\text{longueur du rayon de la manivelle}}{2 \text{ fois la longueur de la bielle.}}$$

130. *Q.* Qu'est-ce que l'avance à l'évasion ?

R. C'est l'ouverture de l'orifice d'admission du côté de la condensation ; avant que le piston ne soit à bout de course, elle a le même but que l'avance à l'admission, et est obtenue de la même manière. On a reconnu que l'avance à la condensation devait être plus forte que l'avance à l'admission, et l'on arrive à ce résultat, en faisant la distance *e d'* un peu plus grande que la distance *b a'* (figure 19).

131. *Q* Qu'est-ce que la **détente** de la vapeur ?

R. On dit que la vapeur agit par détente quand le cylindre n'est plus en communication avec la chaudière. La force expansive de la vapeur continue à agir sur le piston, et son effet utile est augmenté.

On donne aussi le nom de détente aux installations qui ferment les orifices d'admission ou empêchent l'introduction de la vapeur à un moment donné. De là, deux sortes de détentes : la détente fixe et la détente variable.

132. *Q.* Qu'est-ce que la **détente fixe** ?

R. C'est une conséquence naturelle de l'avance à la condensation. On voit, en effet, dans la figure 19, où l'on suppose le piston en haut de sa course, que l'orifice *b b'* est fermé à l'admission pendant tout le temps que le tiroir met à parcourir l'intervalle *b' e'*. La détente fixe sera égale, dans ce cas, à l'avance à la condensation ; mais on peut l'augmenter en allongeant à l'extérieur la barrette d'une petite quantité *x*. Alors, pour avoir la même avance à l'admission, il faudra encore augmenter l'angle de **calage**.

Cet angle de calage est ordinairement de 120° à 130°.

Remarquons que la détente fixe évite une perte inutile de vapeur. Elle est de 0,15 de la course du piston ; c'est-à-dire que la vapeur cesse d'entrer au-dessous du piston, quand celui-ci est arrivé à 0,85 de sa course.

133. *Q.* Qu'est-ce que la **détente variable**? (Fig. 20.)

R. La détente variable est l'interruption de l'introduction de la vapeur dans le cylindre, à un moment quelconque de la course du piston. Elle est obtenue par des mécanismes très-variables, toujours mis en mouvement, directement ou indirèctement par l'arbre de couche. On peut, par exemple, concevoir une soupape *s*, placée sur le tuyau de vapeur V; cette soupape, naturellement fermée par son poids et le poids auxiliaire *p*, ne peut s'ouvrir que quand un galet *g*, auquel elle est reliée par un système de léviers *g f d e*, est abaissée par un filet saillant ou **came** *c*, placée sur l'arbre de couche A. Il y a plusieurs cames l'une devant l'autre, embrassant une portion variable de la circonférence de l'arbre, le galet peut glisser le long de son axe de rotation *o* et se mettre en prise avec l'une de ces cames. Il y a aussi des tiroirs spéciaux dits tiroirs de détente.

La détente produit une économie considérable de combustible, comme l'indique le tableau suivant :

La vapeur étant introduite pendant toute la course...................	1 son effet utile sera	1.
Pendant une fraction représentée par 1/2	—	1, 7
— 1/3	—	2, 1
— 1/4	—	2, 4
— 1/5	—	2, 6
— 1/7	—	3, 0
— 1/8	—	3, 2

Mais il est clair que plus la détente est grande plus, à puissance égale, le cylindre doit être grand. De plus, la vapeur en se détendant, est soumise à la loi de Mariotte et sa pression devient de plus en plus faible; si l'on exagérait la détente, la vapeur n'aurait plus assez de pression pour faire mouvoir l'appareil.

Ces deux considérations limitent la détente; mais on voit,

comme on l'a déjà dit, que plus la pression de régime est grande, plus on peut l'augmenter.

134. *D.* Qu'est-ce que le **tiroir cylindrique**? (Fig. 21.)

R. Imaginons un cylindre M N accolé au cylindre de vapeur A B, (figuré en partie) dans ce cylindre se meuvent deux pistons *p p'* qui remplissent l'office des barrettes. La vapeur pénètre entre les deux pistons et peut s'évacuer au condenseur par les deux tuyaux *c c* en dehors des pistons. Ici la vapeur entre en A par l'orifice *a* et sort de B par l'orifice *b*. Ce tiroir ne permet pas un grand développement des orifices d'admission.

135. *D.* Qu'est-ce que le **tiroir de Watt** ou tiroir en D?

R. C'est en principe un tiroir exactement semblable au tiroir cylindrique, seulement la section des barrettes est un demi cercle, et cette forme nécessite des modifications de détail.

Ces deux tiroirs ont l'avantage d'être parfaitement équilibrés. C'est-à-dire que la pression de la vapeur, s'exerçant également dans tous les sens ne s'oppose nullement à leur marche. Dans le tiroir en coquille, l'extérieur est en communication avec la chaudière, et l'intérieur avec le condenseur; il en résulte des différences de pression qui produisent sur la plaque de friction un tel frottement, que dans certaines machines, le travail dû au tiroir va jusqu'à 10 chevaux vapeur; mais on a pu obvier à cet inconvénient et le tiroir en coquille **compensé** est le seul généralement employé.

136. *D.* Qu'est-ce que le **condenseur**? (D Fig. 22 et 24).

R. C'est une caisse en fonte ou en chaudronnerie, dans laquelle se rend la vapeur à sa sortie du cylindre pour être condensée; sa forme et sa place sont arbitraires; il doit avoir au moins la moitié du volume du cylindre.

137. *D.* Quels sont les avantages et les inconvénients de la condensation ?

R. L'avantage marqué est que la pression de la vapeur qui s'oppose au mouvement du piston varie entre 60 à 70 grammes par centimètre carré, tandis que dans les machines sans condensation la vapeur s'évacuant à l'air libre a une tension d'environ 1 1/2 atmosphère et donne une pression de 1,550 grammes, le condenseur est donc indispensable aux machines à basses pressions.

Les inconvénients sont : le volume du condenseur, de la bâche, de la pompe à air, leur poids et celui de l'eau d'injection, enfin le travail inutile de la pompe à air.

138. *D.* Qu'est-ce que le **tuyau d'injection**? (Fig. 22 et 23).

R. C'est un tuyau qui s'ouvre d'une part à la mer au-dessous de la flottaison, de l'autre dans le condenseur au-dessus des soupapes ou clapets de pieds de la pompe à air. Il y est terminé par une pomme d'arrosoir par où l'eau s'échappe en pluie fine Ce tuyau peut être fermé près de la muraille par un robinet dit **de sûreté**; il en porte un autre, près du condenseur, qui sert à régler l'injection au moyen de repères convenables. L'injection doit être proportionnelle à la vitesse de la machine parce que la quantité d'eau extraite est elle-même proportionnelle à la vitesse et que d'ailleurs, moins on dépense de vapeur, moins il faut d'eau pour la condenser.

139. *D.* Qu'est-ce que l'**injection supplémentaire**?

R. C'est l'injection faite avec l'eau de la cale, par un tuyau spécial, en cas de voie d'eau considérable.

Il suffit, pour l'employer, de fermer le robinet d'injection ordinaire et d'ouvrir celui de prise d'eau à la cale; la pompe à air devient alors une puissante pompe dé'puisement. Il ne faut employer l'injection supplémentaire qu'avec beaucoup de réserve, à cause des saletés existant toujours dans la cale et qui pourraient paralyser le jeu de la pompe à air.

140. *D.* Qu'est-ce que la **pompe à air**?

R. C'est la pompe qui enlève l'eau et l'air du condenseur pour les rejeter dans la bâche. On sait que l'eau dissout $1/20^e$ de son volume d'air. Cet air se dégage de l'eau vaporisée et aussi de l'eau d'injection; de plus, il entre toujours dans le condenseur par les joints, qui ne sont jamais parfaits, à cause de la différence de pression qui existe entre l'extérieur et l'intérieur.

Il y a deux espèces de pompes à air, la pompe à simple effet et la pompe à double effet qui est la plus employée.

141. *D.* Décrivez la pompe à air à **simple effet**? (F. 22)

R. C'est un cylindre A dans lequel se meut un piston percé de deux ouvertures munies des clapets p p' pouvant s'ouvrir de bas en haut. Il communique avec le condenseur D, par un canal muni d'un clapet m dit **clapet de pied**, et avec la bâche H par une ouverture munie du clapet de tête n. Le clapet de pied s'ouvre du condenseur dans la pompe à air et le clapet de tête, de la pompe à air dans la bâche.

Supposons le piston au bas de sa course et baigné par l'eau de condensation; quand il se lève, il fait le vide entre lui et l'eau, cette eau poussée par la pression des gaz contenus dans le condenseur, suit le piston et monte avec lui.

Quand le piston baisse, il presse l'eau, et cette pression force le clapet de pied à se fermer, et ceux du piston à s'ouvrir. Le piston descend donc au bas du cylindre, en traversant l'eau qui ne retourne pas au condenseur; dans ce mouvement il ne produit pas de travail utile; mais quand il remonte, il force l'eau à entrer dans la bâche, en ouvrant le clapet de tête, tout en entraînant derrière lui l'eau du condenseur. La figure 22 montre une soupape R, s'ouvrant à la main quand on veut purger la machine : elle se nomme **reniflard.**

142. *D.* Décrivez la pompe à air à **double effet**? (Fig. 23.)

R. C'est un cylindre ordinairement horizontal A, logé dans la caisse que forme le condenseur D et la bâche H ; il est muni d'un piston plein P qui, le plus souvent, reçoit diréctement son mouvement du piston de vapeur. Aux extrémités du corps de pompe, sont deux boîtes rectangulaires E E', munies de soupapes en caoutchouc ou de plusieurs petits clapets *m*, *m'*, *p*, *p'*, s'ouvrant tous de bas en haut.

Supposons le piston à gauche et se mouvant vers la droite, l'eau baignant les soupapes *p*, *m'*. Le piston fait un vide derrière lui, la soupape *p* s'ouvre, et le corps de pompe se remplit d'eau. Quand il revient de droite à gauche, la soupape *m'* s'ouvre, laisse entrer l'eau; mais celle qui se trouve à gauche, étant refoulée par le piston, ferme *p* et ouvre *m* pour se rendre dans la bâche.

143. *D.* Qu'est-ce que la **bâche**? (H fig. 22 et 23.)

R. C'est un réservoir de forme arbitraire où s'arrête l'eau provenant de la condensation et de l'injection. Une partie est envoyée à la chaudière par la pompe alimentaire; le reste est évacué à la mer par le tuyau de trop plein *o*.

Quand ce tuyau débouche au-dessous de la flottaison, sa fermeture est très-solide et demande une grande surveillance. Il est extrêmement important de ne pas oublier de l'ouvrir quand on met en marche.

144. *D.* Pourquoi prend on, pour alimenter, l'eau de la bâche?

R. Pour deux raisons : parce qu'elle est plus chaude que l'eau de la mer, et parce qu'elle est un peu moins salée,

4

étant en partie composée de l'eau pure qui provient de la condensation.

145. *D.* Qu'est-ce que la **pompe alimentaire** ? (Fig. 24.)

R. C'est une pompe aspirante et foulante, destinée à alimenter la chaudière pendant que la machine est en marche. Elle se compose d'un corps de pompe A, dans lequel se meut un piston P, ayant à peu près la même hauteur : ce piston ne touche pas les parois du cylindre ; il est maintenu par une garniture d'étoupes *g*, pressée par le presse-étoupes *e*, qui porte une coupe *c*, destinée au graissage. Le corps de pompe communique par le bas, au moyen d'un tuyau *a*, avec la boîte alimentaire.

La boîte alimentaire, figure 25, a trois compartiments séparés, munis chacun d'une soupape ou d'un clapet ; l'espace M communique avec la pompe par le tuyau *a* ; le clapet *b* ferme l'orifice d'un tuyau qui va à la bâche ; *c* ferme le compartiment qui communique avec la chaudière ; enfin le troisième compartiment qui communique aussi avec la bâche, est fermé par une soupape *d*, munie d'une tige pressée extérieurement par le poids P.

Quand le piston monte, il fait le vide, *b* s'ouvre, et l'eau remplit bientôt le corps de pompe ; si le piston baisse, *b* se ferme, *c* s'ouvre, et l'eau se rend à la chaudière. Mais comme la pompe débite plus d'eau qu'il n'en faut généralement, le robinet d'alimentation n'en laisse passer qu'une partie, et celle qui ne peut passer, ouvre *d* et retourne à la bâche.

146. *D.* Qu'est-ce que le **petit cheval** ?

R. C'est une petite machine à vapeur indépendante, qui met en mouvement une pompe alimentaire et entretient le niveau des chaudières quand la machine est stopée momentanément. L'évasion ayant lieu à l'air libre, le petit cheval ne peut fonctionner avec les basses pressions.

147. *D.* Qu'est-ce que la pompe à quatre fins ou **pompe à bras** ?

R. C'est une pompe aspirante et foulante, à deux cylindres, mise en mouvement par une bringueballe ; elle sert à parfaire le plein des chaudières quand on veut chauffer, et à achever leur vidange ; elle supplée aux pompes alimentaires en cas d'avarie. Un jeu de soupapes et la manœuvre d'une clef peut lui donner ces différentes **fins.**

Transformation d'un Mouvement rectiligne alternatif en un Mouvement circulaire continu et réciproquement.
(*Figure* 26).

Supposons qu'il s'agisse de transformer le mouvement du point X, extrémité de la tige T du piston, qui se transporte alternativement de A en B et de B en A en un mouvement de rotation continu d'un arbre autour de son axe o, supposé perpendiculaire au plan de la figure, et situé dans le prolongement de la ligne A B.

Le moyen employé dans les machines marines, dérive presque toujours de celui que nous allons indiquer. On fixe à l'arbre une pièce rigide, appelée **manivelle,** et représentée par son axe o Z, ayant exactement pour longueur la moitié de A B ; puis on articule, aux deux points X Z une pièce rigide appelée **bielle,** qui les maintient toujours à la même distance A a = B b = X' Z.

Il est clair que pour toutes les positions du point X, intermédiaires à A et B, le mouvement de ce point produira la rotation du point Z sur la circonférence a b c d, soit dans un sens, soit dans l'autre. Mais, dans ces deux positions, la tige T, la bielle et la manivelle étant en ligne droite, tout l'effort de la tige ne tendra qu'à pousser le point o vers a ou vers b, mouvement qui est rendu impossible par la fixité de ce point. Il y aurait donc temps d'arrêt, si les points a et b n'étaient pas dépassés par le point Z, en vertu de la vitesse acquise ou par d'autres moyens.

Ces positions A et B du point X, celles correspondantes a, b, du point Z, s'appellent les **points morts** ; elles ont évidemment lieu quand le piston se trouve aux deux extrémités de sa course, et on dit aussi de lui, qu'il est alors à ses points morts.

Examinons le travail produit par la tige sur la bielle et par la bielle sur la manivelle, en nous reportant à la définition de ce mot (13). Appelons x et z les petits mouvements simultanés des points X' et Z, et P la force du piston. Le travail, évalué dans la direction de la bielle, sera $P \times x \times$ cos. Z X'o ; il sera donc maximum pour les positions A a, B b de la bielle, où cet angle devient nul, et **minimum** pour les positions C c, D d, où cet angle atteint sa plus grande valeur, ces lignes étant tangentes à la circonférence; appelons P' la force transmise à la bielle par la tige [P'=P cos. Z X' o]. Le travail de cette bielle, évalué dans la direction du mouvement de la manivelle, sera $P' \times z \times$ cos. z Z X' : ce travail sera donc nul aux points a et b, où cet angle est droit, et maximum aux points c, d, où cet angle est nul. On voit, d'après cela, que c'est au moment où le travail de la bielle sur la manivelle, et par conséquent sur tout le système, est maximum, que le travail du piston sur la bielle est minimum.

On devra donc s'efforcer de rendre ce minimum le plus grand possible, en diminuant l'angle c C o qui est donné par la relation :

$$\text{tangente } c\ C\ o = \frac{o\ c}{c\ C} = \frac{A\ B}{2\ C\ c}\ ,$$

par conséquent, en faisant les bielles les plus longues possibles.

A terre, où l'espace ne manque pas, du moins pour les machines fixes, on obtient facilement ce résultat; mais, à bord, l'espace est limité, et c'est pour satisfaire à cette condition, que l'on a imaginé les différentes installations dont nous parlerons bientôt.

Remarquons qu'en vertu du principe (20), la réaction oblique de la bielle sur la tige tend à la fausser, et produit sur les glissières qui la maintiennent rectiligne, une pression, et par suite un frottement d'autant plus fort, que l'angle c C o est plus grand : elle a pour mesure P sin. c C o.

Il est clair que si c'est l'arbre qui a un mouvement de rotation, la même installation pourra le transformer en un mouvement alternatif du piston; dans ce cas, les points morts sont franchis sans cause étrangère, mais il est facile de voir qu'en ces points le travail de la manivelle sur le piston sera nul.

Voici comment on réalise cette conception (fig. 27 et 28) : L'arbre est séparé en deux parties pour le passage de la bielle, chacune de ces parties est maintenue par des paliers P. On y capelle deux pièces M, les manivelles, qui y sont maintenues par une ou plusieurs clavettes c ; l'autre extrémité des manivelles, porte un vide cylindrique où passe la **soie** B , et c'est sur cette soie qu'est articulée la bielle. La distance o o' du centre de l'arbre au centre de la **soie,** donne le rayon de la manivelle ou la moitié du mouvement alternatif du piston.

L'amplitude de ce mouvement alternatif dépend donc entièrement de cette distance, et non du rayon de la soie. Si l'on fait ce rayon plus grand que o o', on a une espèce de manivelle, nommée **excentrique,** (figure 29) qui évite la section de l'arbre. E se nomme **le charriot** d'excentrique, l'articulation de la bielle G se fait au moyen d'un cercle F, nommé **collier** de l'excentrique. Le charriot est claveté sur l'arbre, et sa rotation fait décrire au point X une ligne A B = $d b$ = 2 o a. Quand une manivelle est à l'extrémité d'un arbre, elle est simple au lieu d'être double, comme dans la figure 27 ; mais cette disposition donne des **porte-à-faux** que l'on évite généralement. L'excentrique n'est employé que quand c'est lui qui mène un piston ou un tiroir, et quand la force à produire n'est pas très-considérable, car le travail dû au frottement qui s'exerce entre la soie ou **charriot**, et l'articulation de la bielle ou **collier** est proportionnel à la circonférence de ce charriot.

148. *D.* Indiquez la transmission du mouvement d'une machine à vapeur ? (Lire la note des pages 54 et suivantes.)

R. Cette transmission qui varie avec les différents systèmes de machine se compose essentiellement d'une tige rigide appelée bielle, articulée à l'extrémité de la tige du piston, l'autre extrémité s'articule sur une manivelle de l'arbre de couche (arbre de la machine, arbre principal). Par cette installation, le mouvement rectiligne alternatif du piston se transforme en un mouvement circulaire continu de l'arbre de couche.

On voit cependant que quand le piston est aux deux bouts de sa course, son mouvement ne tend pas à faire tourner la manivelle; mais seulement à briser l'arbre de couche. Ces deux positions s'appellent les points morts. On remédie à cet inconvénient par les avances à l'introduction et à la condensation. A terre, des volants servent à franchir les points morts; les roues à aubes avec une ou deux pales en fonte convenablement disposées, réalisent le même objet. D'ailleurs la plupart des appareils se composent de deux machines conjuguées sur le même arbre, de telle sorte que l'une est à mi-course quand l'autre est à ses points morts.

Dans les figures 30, 31, 32 et 33 on a représenté les mêmes organes par les mêmes lettres, ainsi on désigne par :

A le cylindre de vapeur.
P son piston.
p la tige du piston.
T l'ensemble du tiroir.
t sa tige.
A' la pompe à air.
P' son piston.
p' la tige de ce piston.
V le tuyau de vapeur.
r pompe alimentaire ou de cale
D le condenseur.
H la bâche.

Q le tuyau de trop plein de la bâche.
c le tuyau d'évasion ou de condensation.
I la grande bielle.
o le centre ou l'axe de l'arbre de couche.
m la manivelle.
E l'excentrique.
G la bielle d'excentrique.
m' dans la fig. 31 la manivelle de la pompe à air.

La réponse aux questions suivantes consiste avant tout dans le dessin et la nomenclature des pièces.

149. *D.* Donnez une idée de la **machine à balanciers** ? (Fig. 30).

R. A l'extrémité de la tige du piston est fixée une traverse ou T (K) perpendiculaire au plan de la figure ; aux extrémités de ce T sont articulées deux bielles dites pendantes *i* dont le bas s'articule aux extrémités M d'un balancier double M M' oscillant autour du point O ; les autres extrémités N' de ce balancier sont réunies par une traverse qui porte l'articulation du pied de la grande bielle. La pompe à air est mise en mouvement par des bielles pendantes *i'*, le condenseur et la bâche sont situés entre le cylindre et la pompe à air. La tige du piston est maintenue rectiligne par l'installation connue sous le nom de parallélogramme articulé de Watt *a b c d*, d'après ce principe que si trois sommets *a b c* d'un parallélogramme articulé décrivent des arcs de cercle, un point K pris aux environs du quatrième sommet *d* décrit très-sensiblement une ligne droite. *b c* est la **bielle** du parallélogramme, *f c* le **guide** du parallélogramme, *d c* la **tringle**. Le mouvement du tiroir est obtenu par l'excentrique E et le système de lévier F, il sera décrit en détail (153).

La pompe alimentaire est située derrière la pompe à air, elle est mise en mouvement par la même traverse.

150. *D.* Donnez une idée de la **machine à cylindre oscillant ?** (Fig. 31).

R. Les cylindres au lieu d'être fixes peuvent osciller autour de deux forts tourillons creux *c* soutenus par des bâtis *b*, les tiges du piston sont directement articulées sur les manivelles de l'arbre de couche. Ces manivelles en tournant font osciller les tiges comme des bielles et les cylindres obéissent à ce mouvement. Les tiges doivent être très-solides ainsi que les presse-étoupes qui en sont les seuls guides.

Chaque cylindre a deux tiroirs, l'un pour l'admission et l'autre pour l'évasion. La vapeur entre dans l'une des boîtes à tiroir par l'un des tourillons et sort par l'autre. Les tiroirs sont mis en mouvement par des excentriques de l'arbre de couche et un système convenable de léviers. Le condenseur, la bâche et la pompe à air sont entre les deux cylindres et les pompes alimentaires et de cale de chaque côté en abord.

151. *D.* Donnez une idée de la **machine à fourreau ?** (Fig. 32).

R. Dans cette machine la tige du piston est remplacée par un cylindre creux *p p* nommé **fourreau** et fondu du même jet que le piston ; le fourreau traverse les deux bases du cylindre dans des garnitures. Le pied de la grande bielle est articulé sur un tourillon qui fait corps avec le piston et dans le plan même de ce piston. La pompe à air et les pompes alimentaires et de cale reçoivent directement leur mouvement du piston de vapeur. Dans la figure, le tiroir est de côté ; il reçoit son mouvement de deux excentriques montés sur l'arbre de couche (154).

152. *D.* Donnez une idée de la machine à **bielle renversée**? (Fig. 33).

R. Le piston porte deux tiges parallèles dont le plan est incliné de 45° pour donner de la place au passage de l'arbre et aux mouvements de la grande bielle. Ces deux tiges sont fixées sur une traverse *j* qui se meut entre deux glissières *n n*, *n' n'*, dans un vide pratiqué ordinairement dans la caisse qui contient le condenseur, la bâche et la pompe air. Cette pompe, la pompe de cale et la pompe alimentaire sont mises en mouvement par le piston de vapeur. Le milieu de la traverse reçoit l'articulation du pied de la grande bielle. Le tiroir peut être mis en mouvement par la disposition décrite N° 154 et appelée secteur Stephenson ; la machine Mazeline qui appartient à ce type a une mise en train spéciale.

153. *D.* Décrivez le mécanisme du tiroir dans les machines à balancier?

R. Ce mécanisme se nomme **mise en train** ou **mise en marche** (Fig. 34.)

La tige *t* du tiroir est liée par la bielle *i* à un lévier coudé L L' dont le centre de rotation est fixé en F par un palier ; un contre-poids *p* fait équilibre au tiroir. Sur le lévier L est un petit cylindre à collet nommé bouton d'enclanche *b*. Sur l'arbre de couche est le charriot d'excentrique E monté **fou** ; il n'est entraîné par l'arbre que quand une pièce saillante *u* fixée sur l'arbre rencontre une des deux pièces *u' u''* fixée sur l'excentrique. Ces trois pièces se nomment **tocs**. Les tocs de l'excentrique sont disposés de telle façon, que quand le toc de l'arbre rencontre l'un d'eux dans son mouvement en avant ou en arrière le rayon de l'excentrique fait avec la manivelle M l'angle de calage du côté convenable à la marche.

Remarquons seulement que, par l'emploi des balanciers, la position la plus élevée de la manivelle, correspondant à la plus basse du piston, l'angle de calage doit être porté en sens inverse, c'est-à-dire que la manivelle o o' de l'excentrique au lieu de précéder celle du piston doit la suivre.

La bielle d'excentrique G porte une encoche demi-circulaire e (Fig. 35) qui, quand la machine est en marche saisit le bouton d'enclanche et donne le mouvement au tiroir. Cette encoche se nomme **enclanche**.

Quand on veut rendre le tiroir indépendant de la machine autrement dit **déclancher**, on se sert de l'appareil détaillé figure 35 et nommé **déclancheur**. c o d, **couteau de déclanche** est un lévier articulé en o sur la bielle; au moyen de la poignée f on peut faire monter l'articulation d jusqu'à ce que la partie saillante i de l'arc d f vienne buter en i' où elle est maintenue par un petit ressort r, alors la partie plane a' b' du couteau prend la position a b et la bielle glisse sur le bouton d'enclanche sans se mettre en prise avec lui.

154. *D.* Décrivez le mécanisme de **Stephenson** pour le mouvement du tiroir? (Fig. 36).

R. Ce mécanisme se nomme indifféremment, mise en train **ou** régulateur de Stephenson, **ou** arc fendu de Stephenson; on l'appelle encore arc fendu des locomotives. E E' sont deux excentriques clavetés sur l'arbre de couche, l'un pour la marche avant, l'autre pour la marche arrière; leur bielles G G' sont articulées aux extrémités d'une coulisse circulaire A B d'environ 30° ; dans cette coulisse peut glisser un coulisseau c articulé sur la tige du tiroir directement comme dans la figure 36, quelquefois indirectement.

Une bielle i et un lévier L dont le point fixe est déterminé en F par un palier, permet de hausser ou de baisser la coulisse de manière que le coulisseau corresponde à l'une des deux bielles ou à un point intermédiaire.

L'appareil est tracé de façon que quand le coulisseau est en prise avec l'une des bielles, l'autre ne peut que faire osciller la coulisse, sans contrarier le mouvement de la première.

La simple manœuvre du lévier L qui peut d'ailleurs être maintenu dans une certaine position par une cheville entrant dans les trous de l'arc P Q, permet de faire machine en avant, machine en arrière et de stopper, le tout sans fermer le registre.

Pour cette dernière manœuvre il suffit de mettre le milieu de l'arc fendu en prise avec le coulisseau ; le tiroir reste immobile. On peut enfin diminuer à volonté la vitesse dans l'une ou l'autre marche, en approchant plus ou moins le milieu de la coulisse du coulisseau ; les orifices d'admission s'ouvrent moins et l'on a une introduction plus ou moins réduite, partant plus ou moins de vitesse.

Ce mode de réduction de marche ne donne pas l'économie que l'on obtient par la détente variable, puisqu'il y a écoulement de vapeur au cylindre pendant presque toute la course ; pourtant la détente fixe est augmentée par la diminution de de l'amplitude des mouvements du tiroir.

155. *D.* Qu'est-ce qu'un **palier** ? (Fig. 37).

R. Un palier est une installation qui a pour objet de maintenir dans une position invariable l'axe d'un arbre tournant, il y en a de bien des formes différentes, mais elles se rapportent toutes au type figuré. A A est un cadre en fonte boulonné sur les bâtis, c'est le corps du palier. Dans le vide rectangulaire sont placées deux pièces de bronze c c' appelées **coussinets**, leur forme extérieure est celle d'un parallélipipède rectangle et leur forme intérieure, celle d'un demi-cylindre. L'arbre o est logé dans le vide cylindrique existant entre les deux coussinets. Ils sont serrés par une plaque B B nommée **chapeau du palier**, au moyen de boulons à vis b; le chapeau porte un godet graisseur g dont la matière grasse pénètre jusqu'à l'arbre, par un trou qui traverse le chapeau et le coussinet supérieur; elle s'y répand par des rainures à arrêtes mousses, pratiquées sur la surface cylindrique de ce coussinet.

156. *D.* Qu'est-ce qu'un **godet graisseur**? (Fig. 38).

R. C'est un petit vase en laiton vissé au-dessus de la pièce à laquelle il doit fournir le graissage; du fond de ce vase s'élève un tube a qui dépasse le niveau de l'huile, une mèche en coton m plonge dans ce liquide et dans le tube; par l'effet de la capillarité elle forme syphon, et l'huile s'écoule goutte à goutte sur les surfaces frottantes.

157. *D.* Qu'est-ce qu'une **articulation**? (Fig. 39, 40, 41).

R. C'est une installation destinée à relier deux pièces qui doivent tourner ou osciller l'une autour de l'autre, comme une bielle avec sa manivelle ou la tige d'un piston; l'articulation figurée 39 est très-usitée.

La bielle est terminée par une pièce rectangulaire A; sur cette pièce est posé le coussinet inférieur c, maintenu par un petit tenon a a, la soie de manivelle ou le tourillon de la tige étant en o, on pose le coussinet supérieur c', puis la **bride** B. Le coussinet supérieur est maintenu par une ou deux saillies b b'; pour le serrage, la pièce A et la bride sont percées d'une mortaise x y z u, en forme de trapèze. Dans cette mortaise est d'abord introduite la clavette D D, et le serrage s'obtient en chassant dans le vide restant la contre-clavette E E, à petits coups de marteau. L'articulation figurée 40, qui est tout-à-fait analogue à un palier, s'explique par le dessin.

Quand l'articulation a lieu à l'extrémité d'une pièce, comme pour le T du piston de la machine à balanciers, cette pièce se termine par un tenon cylindrique A, la bielle pendante a une douille d'un diamètre plus grand pour recevoir une enveloppe de bronze *n n*, que l'on puisse changer en cas d'usure; enfin le serrage est obtenu par une rondelle *m m* et une vis *v*. (Fig. 41.)

158. *D.* Qu'est-ce qu'un **presse-étoupes**? (Fig. 42.)

R. Toutes les fois qu'un arbre ou une tige mobile T traverse une cloison M M', séparant deux milieux qui ne doivent pas communiquer, c'est toujours dans une installation nommée **presse-étoupes** ou **garniture**. La cloison M M' porte un vide circulaire *m m'*, d'un diamètre un peu plus grand que celui de la tige; elle est surmontée d'une boîte cylindrique A A, dans laquelle se logent les tresses de chanvre qui forment la garniture; ces tresses sont pressées par un anneau B B, dont une partie entre dans la boîte; la garniture comprimée obliquement s'applique exactement sur la tige. Le serrage s'obtient par des boulons à vis; enfin le presse-étoupes porte une coupelle *c c* où se met le graissage. Si la tige se meut horizontalement, il y a un godet graisseur latéral.

159. *D.* Qu'est-ce qu'un **arbre**?

R. C'est un cylindre en fer forgé ou en acier, dont l'axe est maintenu dans une position fixe au moyen de paliers : il reçoit et transmet un mouvement de rotation autour de cet axe. L'arbre principal d'une machine ou **arbre de couche**, reçoit le mouvement du piston de vapeur et le transmet au propulseur, aux manivelles et excentriques des tiroirs et des diverses pompes.

160. *D.* Comment se divise l'arbre de couche dans les machines à roues? (Fig. 43.)

R. Il se compose de l'arbre **intermédiaire** ou arbre de la machine A, et de deux arbres **extérieurs** B qui sortent du navire et portent les roues. Ces trois parties sont reliées entre elles par les soies de manivelle; de chaque côté de ces manivelles l'arbre est tenu par des paliers, et chaque arbre extérieur est soutenu contre la muraille externe du navire par de forts paliers appelés **chaises** C, dont le corps est soutenu par des supports D, solidement boulonnés à la muraille. Les deux chaises sont reliées l'une à l'autre par une chaîne E E, qui traverse le navire à la hauteur de la passerelle.

161. *D.* Comment se divise la **ligne d'arbres** dans la machine à hélice?

R. L'arbre qui porte les grandes manivelles, excentriques, etc., se nomme l'arbre moteur ou arbre de la machine; c'est la partie la plus avant de la ligne d'arbre : celui qui s'emmanche avec l'hélice se nomme arbre de l'hélice; ces deux arbres sont réunis par plusieurs arbres intermédiaires, liés les uns aux autres par des manchons d'assemblage, par des joints mobiles et quelquefois par un embrayeur.

162. *D.* Qu'est-ce que les **roues à aubes**? (Fig. 43 et 44)

R. Elles se composent de deux ou trois tourteaux **T**, quelquefois formant une seule pièce de fonte, et clavetés à l'extrémité de chaque arbre extérieur. Chaque tourteau porte le même nombre de barres de fer, disposés en rayons R et se correspondant deux à deux. Chaque rayon est rivé d'une part sur le tourteau, et d'autre part sur deux cercles concentriques à l'arbre c c', destinés à les relier, l'un à l'extrémité des rayons, et l'autre à une distance convenable pour que les **cubes** ou **pales** P puissent être haussées ou baissées suffisamment. D'ailleurs, les différents plans de rayons sont liés entre eux par des entretoises *e*. On obtient ainsi un ensemble solide et relativement léger.

163. *D*. Quel est le mode d'installation des aubes? (Fig. 45.)

R. Le plus usité est dû à M. Dupouy. Chaque aube est divisée en trois parties, *a, b, c ;* deux sur l'arrière des rayons, et l'autre sur l'avant. Ces trois parties sont fixées par un taquet T, à boulon taraudé B, qui traverse la pale *a* et par un écrou E muni de poignées.

Ce mode de serrage est très-commode, et la division de la pale en trois pièces est avantageuse pour l'utilisation de la poussée de la roue.

164. *D*. Quelles sont les principales dimensions des roues à aubes?

R. Elles sont très-variables : ainsi, la surface de chaque aube varie entre 1/12 et 1/17 de celle du maître-couple immergé.

Le diamètre des roues dépend évidemment de la hauteur de l'accastillage, et la longueur des aubes varie entre 1/3 et 1/2 du diamètre. L'espacement des aubes est généralement de 1^m environ : elles sont immergées de telle sorte qu'il y ait 15^{cm} d'eau au-dessus d'elles quand elles sont verticales ; enfin, pour la mer, il doit y avoir généralement trois pales entièrement immergées.

165. *D*. Expliquez le mode d'action des roues à aubes?

R. Si l'eau ne cédait pas à la pression de l'aube, elles agiraient comme une roue dentée qui engraine avec une crémaillère fixe, et la vitesse du navire serait égale à celle de la roue ; mais l'eau fuyant devant l'aube, il existe entre ces deux vitesses une différence qui donne le **recul**.

La vitesse de la roue est le chemin parcouru pendant l'unité de temps par le centre d'action de l'aube, si on la nomme V, et v celle du navire; le recul a pour expression $\frac{V-v}{V}$. Cette fraction s'exprime en centièmes; elle est généralement égale à 0,25.

166. *D.* Quelles sont les manœuvres à exécuter avec les aubes?

R. On doit les baisser quand le navire est lége, et les monter quand il est chargé ou en cas de remorquage, de telle façon que la vitesse des roues soit celle de régime. Quand le navire doit marcher à la voile, il faut affoler les roues, ou mieux démonter les aubes immergées.

On affole les roues au moyen de l'embrayeur, s'il y en a un, ce qui est assez rare, autrement on démonte les bielles; ou bien, ouvrant les trous d'homme de la chaudière et du condenseur, on laisse marcher la machine comme si l'on était sous vapeur.

Pour démonter les aubes et pour exécuter une manœuvre quelconque dans les roues, il faut mettre la machine dans l'impossibilité de marcher : pour cela, après avoir stopé, on dispose l'une des machines pour la marche avant, et l'autre pour la marche arrière; ou, mieux encore, on cale une pièce mobile avec un billot, de manière qu'elle ne puisse bouger. On amarre solidement les roues avec des chaînes garnies de paillets au portage des rayons, on envoie des hommes qui démontent un certain nombre d'aubes; puis, faisant faire un demi-tour à la machine, on laisse plonger les rayons dégarnis.

(**Hélice**). — Considérons un cylindre droit, à base circulaire A B C D, figure 46, et développons en la surface suivant le rectangle A B E F. Si nous traçons la diagonale B F, et que nous enveloppions le cylindre avec le rectangle, la ligne B F formera une courbe cylindrique B K A qui se nomme **Hélice** ; la longueur A B se nomme le pas de l'hélice.

Si maintenant on conçoit une ligne M N qui, s'appuyant sur l'hélice et sur l'axe G H, se déplace parallèlement aux bases du cylindre, cette ligne engendrera une surface réglée nommée **Hélicoïde**. L'hélice peut être indéfinie, comme la surface cylindrique, et chaque portion de courbe telle que A K B, limitée à la même génératrice, se nomme une **Spire**.

Si l'on fait mouvoir un petit rectangle ou un petit triangle normalement à la surface cylindrique, de manière que l'un des côtés B a soit toujours sur une génératrice, B restant sur l'hélice, on engendrera un **filet de vis** rectangulaire ou triangulaire.

Enfin si l'on imagine une pièce creuse moulée sur la vis, on aura ce que l'on appelle un **écrou**. Si l'écrou est fixe et que la vis tourne, à chaque tour elle avancera dans le sens de son axe, d'une quantité égale à son pas A B.

167. *D.* Qu'est-ce que **l'hélice marine**? (Fig. 47, 48.)

R. C'est un propulseur qui se compose d'un cylindre nommé **moyeu** A, sur lequel sont fixées symétriquement plusieurs portions de surfaces hélicoïdes, nommées **ailes** de l'hélice B ; ces ailes sont limitées à l'avant et à l'arrière par deux plans parallèles perpendiculaires à l'axe du moyeu, de sorte que leur projection sur le plan longitudinal a la forme d'un rectangle figure 47, et leur projection sur le plan d'un couple, celle d'un secteur circulaire tronqué à angle plus ou moins aigu, figure 48. Il y a des hélices à deux, trois, quatre, cinq et six ailes.

Les hélices sont en fer ou en bronze; depuis quelque temps on fond les ailes séparément; on a essayé des hélices en tôle d'acier très-mince, qui ont donné d'excellents résultats.

Une hélice est déterminée quand on connaît le **nombre** des ailes, le **diamètre** ou **hauteur** B B, le **pas** et la **fraction** de pas de chaque aile. Le diamètre est naturellement commandé par le tirant d'eau du navire, le pas est un diamètre et demi environ et la fraction de pas, en supposant que toutes les ailes n'en forment qu'une, est en moyenne 1/4.

168. *D.* Quel est le mode d'action de l'hélice ?

R. Si l'eau était fixe, tout en se laissant couper par les ailes, l'hélice agirait exactement comme une vis dont l'écrou est immobile; elle avancerait et ferait avancer le navire, à chaque tour, d'une longueur égale à son pas; mais l'eau cédant à la pression des ailes, le navire n'avance pas à chaque tour de toute cette longueur; c'est ce qui produit le **recul**. Si l'on nomme P le pas, v le chemin parcouru par le navire pendant un tour, $\dfrac{P - v}{P}$ sera l'expression du recul. Cette fraction s'évalue en centièmes; elle est ordinairement de 0,30. Mais elle varie suivant les circonstances, depuis 1 jusqu'à 0; quelquefois même, quand on marche à la voile et à la vapeur, v devient plus grand que P, et le recul est **négatif.**

169. *D.* Qu'est-ce que l'hélice **Mangin** ? (Fig. 49.)

R. C'est une hélice à deux ailes, dont chaque aile est divisée dans le sens du diamètre en plusieurs parties qui se mettent l'une derrière l'autre sur le moyeu, de sorte que la projection de cette hélice sur le plan d'un couple est un rectangle très-étroit; elle peut se dissimuler complétement contre l'étambot quand on marche à la voile; elle produit à peu près le même effet qu'une hélice de même surface à ailes d'une seule pièce.

170. *D.* Quels sont les différents modes d'installation de l'hélice pour la marche à la voile?

R. Ce sont les hélices fixes, les hélices folles et les hélices amovibles ou à remonter.

171. *D.* Qu'est-ce que l'hélice **fixe** ? (Fig. 50).

R. C'est une hélice clavetée à l'extrémité extérieure de

5

l'arbre, et destinée à être dissimulée entre les étambots quand on marche à la voile. Elle est toujours à deux branches, et généralement du système **Mangin**. Le moyeu de l'hélice est pénétré par l'arbre, et une clavette qui traverse ces deux pièces en assure la liaison. Elle est en porte à faux, si elle n'est soutenue extérieurement que par un coussinet fixé sur le faux étambot.

172. *D.* Qu'est-ce que l'hélice **folle**? (Fig. 51.)

R. C'est une hélice destinée à être affolée, c'est-à-dire rendue indépendante de la machine, quand on marche à la voile. Elle est à quatre ou six ailes, ce qui donne plus de régularité au mouvement. Son emmanchement peut être à clavette, ce qui nécessite un embrayeur pour l'affoler; mais le plus souvent il est hexagonal : l'hélice est alors tenue par deux coussinets sur l'étambot et le faux étambot, son moyeu est percé en forme de tronc de pyramide hexagonale p dans lequel s'emmanche l'extrémité de l'arbre p' taillée de même forme. Pour affoler, on porte l'arbre sur l'avant au moyen de la **butée mobile**. L'hélice folle tourne sous la pression de l'eau dans le sens de la marche en arrière, aussitôt que la vitesse du navire dépasse deux ou trois nœuds; par cette rotation continue, le coussinet arrière s'use assez rapidement; aussi, quelquefois il est amovible.

Les hélices **fixes** et les hélices **folles** ont le grave inconvénient d'exiger l'entrée au bassin quand elles ont éprouvé des avaries.

173. *D.* Qu'est-ce que l'hélice **amovible**? (Fig. 52.)

R. C'est une hélice destinée à être remontée dans un **puits** dit **de remontage**, pratiqué à l'arrière du navire au-dessus de la cage de l'hélice. Celle-ci est maintenue par deux coussinets C C' aux extrémités d'un cadre en bronze M qui, quand il est à poste, repose sur deux chaises N N'. Le tout se remonte au moyen d'un réa R sur lequel s'enroule une aussière dont l'un des brins fait dormant sur une bitte, tandis que l'autre est halé par des palans ou par le cabestan. Une installation S, nommée **stoppeur**, qui vient mordre une aile quand elle est verticale, maintient l'hélice dans cette position. Enfin deux linguets L L' jouent sur deux crémaillères G G' fixées aux étambots et empêchent le système de tomber en cas de rupture de l'aussière. Pour mettre l'hélice à poste, on met les linguets verticaux au moyen des chaînes l l', on mollit l'aussière et, le cadre glissant entre les étambots, comme dans une coulisse, reprend sa position.

Dans la figure 52, l'emmanchement figuré est à **T** ou à **mâchoires**, le moyeu de l'hélice porte une espèce de mâchoire T qui saisit un tenon de la pièce T' boulonnée sur l'arbre, et, quand les joues a, a' du tenon sont verticales, le glissement peut s'effectuer. Il est clair, d'ailleurs, que dans toute position, la rotation de l'arbre entraîne celle de l'hélice.

174. *D*. Qu'est-ce que le **manchon** de l'hélice? (Fig. 53).

R. C'est un fort tube en bronze T qui traverse le massi arrière M pour le passage de l'arbre A ; il préserve les pièces de ce massif du contact de l'eau, leur sert de soutien et porte dans la partie vide de la cale le presse-étoupes de l'hélice.

175. *D*. Qu'est-ce que le presse-étoupes de l'hélice?

R. C'est un presse-étoupes ordinaire (158), boulonné sur le collet c du manchon. Il doit être l'objet d'une grande surveillance, car sa rupture déterminerait une voie d'eau très-dangereuse.

Les trous du collet c du manchon sont ovalisés dans le sens de leur hauteur pour que le presse-étoupes ait un peu de jeu quand le navire prend de l'arc.

176. *D.* Qu'est-ce que l'**embrayeur**? (Fig. 54).

R. C'est l'appareil qui sert à rendre indépendants l'arbre de la machine et celui de l'hélice, quand on veut affoler celle-ci.

Soient A l'arbre de l'hélice et A' celui de la machine, ou le dernier arbre intermédiaire ; T est un tourteau cylindrique claveté fixe sur l'arbre A, et portant des vides *a* demi-ovoïdes. T' est un tourteau semblable, pouvant glisser sur l'arbre A' le long de deux rainures saillantes *g g'*; il porte des dents *b* de forme également ovoïde ; un lévier L fixé en F sur la carlingue et mis en mouvement par un palan P permet d'avancer ou de reculer le tourteau T', de manière que ses dents entrent et sortent des vides du tourteau T, c'est-à-dire d'embrayer ou de débrayer.

177. Qu'est-ce que la **butée**? (Fig. 55).

R. C'est l'appareil qui reçoit toute la poussée de l'hélice et la transmet au navire ; il s'y produit des frottements très-énergiques, et pour les diminuer on a adopté la butée à collets.

L'arbre de l'hélice A est entouré de 6 à 10 filets cylindriques saillants F. Le palier de butée P et son chapeau C portent intérieurement des vides cylindriques un peu plus grands que ces filets et qui les enveloppent quand l'appareil est en place ; dans les vides qui restent entre les filets de l'arbre et ceux de la butée on coule un alliage très-doux nommé **anti-friction**, de sorte que tous les filets portent également et que la pression soit répandue sur une grande surface. Le chapeau de palier est surmonté d'une boîte de graissage G qui distribue la matière grasse sur tous les filets.

Quand l'arbre de l'hélice ne doit pas être appelé sur l'avant, le palier de butée est très-solidement boulonné sur les bâtis, mais dans le cas d'un emmanchement hexagonal, elle peut courrir entre deux crémaillères au moyen de roues dentées pour obtenir l'emmanchement et le démanchement.

178. *D.* Qu'est-ce que le **frein** ? (Fig. 56).

R. C'est un appareil qui sert à fixer l'hélice quand on est à la voile et quand, après avoir stoppé, on veut emmancher ou démancher, embrayer ou débrayer. Pour chacune de ces opérations, on tâche de stopper de manière que l'hélice soit le plus possible verticale, ce qui est indiqué par un repère mis sur l'arbre ; puis, en desserrant le frein et manœuvrant le **vireur**, on obtient exactement la position demandée.

Le frein se compose généralement d'un tourteau cylindrique T claveté sur l'arbre A ; il est embrassé par deux mâchoires M articulées en F et qui peuvent être serrées par une vis V à l'aide du lévier L. On produit ainsi, un frottement suffisamment énergique.

179. *D.* Qu'est-ce que le **vireur** ?

R. C'est un mécanisme monté sur l'arbre, qui permet de faire exécuter à la machine un tour entier dans 15 minutes environ, quand les feux sont éteints. Il sert, comme on l'a déjà dit, à embrayer, débrayer, emmancher, démancher, mettre l'hélice verticale, enfin à changer de place, au mouillage, les pistons et toutes les pièces mobiles.

180. *D.* Qu'est-ce que les **tourteaux d'assemblage** ?

R. Ce sont les pièces qui servent de liaisons aux différentes parties de l'arbre. Deux tourteaux sont clavetés aux deux extrémités des arbres à relier ; ces deux tourteaux sont assemblés par des boulons de serrage ; les boulons ont du jeu pour que les deux arbres puissent obéir aux flexions du navire

181. *D.* Etablissez une comparaison entre **les roues à aubes** et **l'hélice** ?

R. On peut affirmer que l'hélice est le propulseur qui seul se prête convenablement à presque toutes les circonstances de la navigation.

1° L'appareil moteur tout entier peut être relégué à l'arrière et au-dessous de la flottaison ce qui, pour la guerre, le met à l'abri du boulet et, pour le commerce, laisse dégagée la cale des marchandises.

2° Le grand développement des tambours ne permet de donner au navire qu'une largueur insuffisante pour la marche à la voile. Il est un obstacle sérieux aux mouvements à effectuer dans les ports. L'hélice seule constitue le navire **mixte,** c'est-à-dire à voile et à vapeur.

3° Sa position **sous-marine** lui permet d'agir presque aussi bien par grosse mer que par mer unie ; tandis que, si la mer est grosse, venant debout et surtout de l'arrière, tantôt les deux roues sont immergées et tantôt hors de l'eau. Il en résulte des chocs et des pertes de travail considérables ; si la mer est de travers, c'est tantôt l'une, tantôt l'autre roue qui est trop ou trop peu plongée.

4° Par les temps ordinaires, les deux propulseurs ont à peu près la même **utilisation. Mais**, et c'est le grand avantage des roues, le seul qui justifie encore leur emploi, par gros temps debout, la vitesse des roues et par conséquent la dépense de combustible est sensiblement proportionnelle au chemin parcouru par le navire ; de sorte que, pour une traversée d'une longueur donnée, il faut à peu près une quantité fixe de combustible, sauf les cas exceptionnels.

L'hélice au contraire atteint sa vitesse de régime lors même que le navire est amarré le long d'un quai, de sorte qu'un navire à hélice qui voudrait lutter contre un gros temps de bout, pourrait employer tout son combustible, sans faire une route sensible.

C'est pourquoi les paquebots sur la régularité desquels il faut compter emploient encore généralement les roues à aubes.

5° L'hélice à remonter exige un puits qui affaiblit encore l'arrière du navire qui en est, comme on sait, la partie faible ; ou bien, si elle est fixe ou folle, l'entrée au bassin en cas d'avarie.

6° Pour la manœuvre, l'hélice a un grand avantage sur les roues ; en effet, elle peut faire gouverner le navire sans vitesse, même à l'ancre, par le courant d'eau qu'elle jette sur le safran du gouvernail : cela n'a pas lieu pour le navire à roues.

Quand on fait machine arrière, les grands navires à roues ne gouvernent pas et tombent indifféremment sur l'un des bords, quelle que soit la position du gouvernail. Les navires à hélice ne gouvernent pas non-plus, mais ils ont l'avantage précieux de tomber toujours sur le même bord, de sorte que, par une alternative convenablement faite de machine en avant et de machine en arrière, ils peuvent aller en culant d'un point à un autre, sans trop dévier de la ligne droite.

Toutefois, avec l'hélice, la marche arrière fatigue beaucoup le navire ; et, quand on stoppe, l'arrêt se fait beaucoup moins rapidement qu'avec les roues.

182. *D.* Mettez en marche une machine à vapeur ?

R. 1° On commence à faire le **plein des chaudières** en ouvrant le robinet de prise d'eau ; on ouvre aussi les soupapes de sûreté, la soupape atmosphérique, les robinets de jauge, pour laisser sortir l'air qui s'opposerait à l'entrée de l'eau ; elle entre dans les chaudières jusqu'au niveau de la mer. Si ce niveau est plus élevé que le niveau normal, marqué par le tube indicateur, on ferme à temps le robinet de prise d'eau. Si le niveau extérieur est plus bas, on achève le plein avec la pompe à bras.

2° On procède à **l'allumage des feux**. Pour cela, on place sur le devant des grilles des copeaux de bois, des étoupes grasses, enfin des corps très-combustibles ; on y met le feu et on les recouvre de menu charbon frais. Quand une masse suffisante est en combustion, on pousse le dessus sur l'arrière et on met de nouveau charbon. On continue ainsi jusqu'à ce que chaque grille soit recouverte d'une couche incandescente d'environ 15^{cm}, on ferme alors les portes des foyers et l'allumage est terminé.

3° On laisse ouvertes les **soupapes de sûreté**, mais on ferme les robinets de jauge et la soupape atmosphérique ; l'eau entre bientôt en ébullition et la vapeur sort par le tuyau de décharge des chaudières, entraînant l'air avec elle ; quand on suppose que tout l'air est remplacé par la vapeur, on ferme les soupapes de sûreté et on laisse la pression monter. Quand la pression est arrivée au régime, et on le reconnaît par le manomètre, on ouvre de temps en temps les soupapes, si l'on ne met pas immédiatement en marche.

4° On purge la machine, en laissant entrer la vapeur dans le cylindre, le condenseur et la pompe à air ; cette vapeur commence à se condenser dans ces récipients, mais elle les échauffe, et bientôt l'eau contenue se réduit en vapeur et cette vapeur chasse l'air par le reniflard ou par le tuyau de décharge des bâches.

5° On **balance** la machine, c'est-à-dire qu'on lui fait faire un ou deux tours en avant, un ou deux tours en arrière, pour reconnaître si rien ne s'oppose à son mouvement. Il faut naturellement pour cette manœuvre, faire tous les mouvements de la mise en marche définitive.

6° Pour **mettre en marche définitivement**, on ouvre les obturateurs du tuyau de décharge des bâches, le robinet de sûreté de l'injection, les soupapes d'arrêts ; puis, doucement, le registre de vapeur et en même temps le régulateur d'injection ; enfin :

Avec une machine à balancier, on manœuvre à la main le lévier de mise en marche et, pour cela, on a soin de regarder d'après la position de la manivelle s'il faut mettre la vapeur dessus ou dessous le piston, soit pour la marche en avant, soit pour la marche en arrière ; on soulève le déclancheur, et la bielle d'excentrique enclanchant d'elle-même le mouvement continue.

Avec le régulateur Stephenson, le piston étant à moitié course, il suffit de suspendre la coulisse dans la position convenable pour la marche que l'on veut obtenir.

183. *D.* Stoppez ?

R. **Avec la machine à balancier**, on déclanche, **avec le régulateur Stephenson**, on suspend la coulisse à mi-course ; dans les deux cas le tiroir reste immobile et la machine s'arrête. On ferme ensuite le régulateur d'injection et les registres : on ouvre les soupapes de sûreté et on enlève les mèches des godets graisseurs ; on laisse un peu tomber les feux et l'on veille au niveau de l'eau des chaudières qui sont alimentées par le petit cheval pendant le temps d'arrêt.

Si l'on stoppe d'une manière définitive, on profite de la pression pour faire marcher lentement la machine et mettre l'hélice verticale, on ouvre les portes des fourneaux et l'on met bas les feux.

On ouvre le robinet d'extraction ; mais on ne fait pas entièrement le vide des chaudières ; il s'achève avec la pompe à bras, quand l'appareil est refroidi. On ferme tous les obturateurs des tuyaux de prise d'eau et de vidange à la mer et tous ceux qui peuvent donner issue dans la cale à l'eau restant dans l'appareil, on essuie les pièces graissées ou mouillées et l'on serre les garnitures d'étoupes pendant qu'elles sont encore chaudes.

184. Quels sont les soins à prendre dans la machine pendant la marche ?

R. Ces soins résultent de tout ce qui a été dit précédemment ; il faut donc :

1° Pour les **chaudières**, veiller au niveau, à la saturation, aux ébullitions et projections d'eau, au bon emploi du combustible, à la pression, à la facilité de manœuvre des soupapes de sûreté.

2° Pour **l'ensemble du mécanisme**, éviter les pertes de vapeur par les joints ; éviter les chocs par un serrage convenable des articulations et des paliers ; éviter les échauffements par un lubrifiage suffisant des pièces frottantes et au besoin par des arrosages à l'eau froide, surtout pour les paliers de butée ; veiller à la propreté des crépines extérieures de tous les tuyaux aboutissant à la mer.

3° Pour les **tiroirs**, veiller à la régulation qui peut accidentellement se déranger et à la détente variable.

4° Pour les **cylindres**, au bon fonctionnement des robinets et soupapes de purge.

5° Pour **l'injection et la condensation**, à l'ouverture convenable à la marche du régulateur d'injection, au vide, aux joints et aux obturateurs du tuyau de décharge des bâches.

6° Pour **l'ordre et la discipline**, veiller aux commandements, et être toujours prêt à les exécuter. Les outils doivent être soigneusement accorés et l'éclairage suffisant. Le silence et l'ordre doivent régner dans la chambre des machines. Toute personne étrangère ne doit y être que momentanément tolérée et surveillée pendant sa présence. En cas de manœuvre et surtout d'avarie, le chef présent le plus élevé en grade, doit seul commander.

FIN.

TABLE DES MATIÈRES.

—o○o⚬o○o—

TABLE.

FIN DE LA TABLE

Saint-Brieuc. — Imp. GUYON Francisque.

C.H. BELLANGER.

PETIT CATÉCHISME

DE

MACHINE A VAPEUR

PLANCHES.

fig. 1.

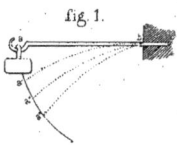

fig. 2.

E B

N.F

fig. 3.

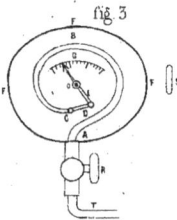

F

F S

fig. 7.

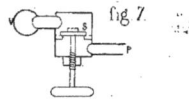

fig. 8.

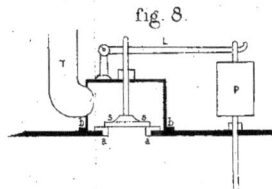

T

L

P

H

fig. 5.

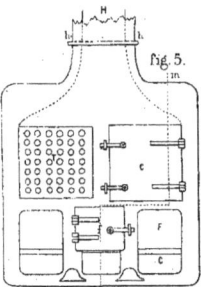

H

fig. 6.

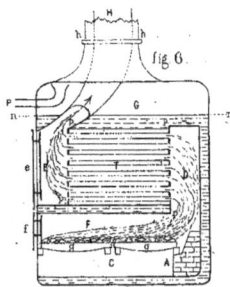

P

n

G

e

f

F

C

A

n

fig. 4.

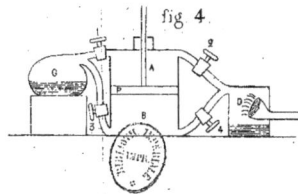

ÉLÉVATION.

COUPE suivant m m' de la fig 5

CHAUDIÈRE tubulaire à retour de flamme d'un seul corps.

Rue du Chapitre, GUYON LE POULIQUEN, Imp.-Lith. S.t Brieuc.

fig. 14.

fig. 15.

fig. 16.

fig. 17.

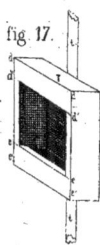

fig. 9.

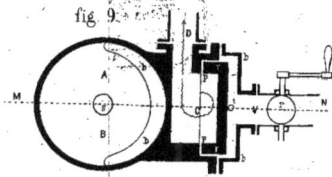

fig. 12.

fig. 11.

fig. 10.

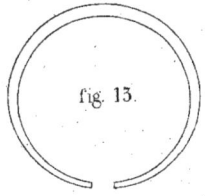

fig. 13.

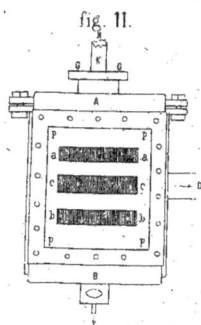

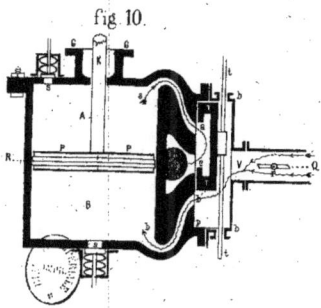

Rue du Chapitre, GUYON-LE POULIQUEN, Impr.-Lith. St-Brieuc.

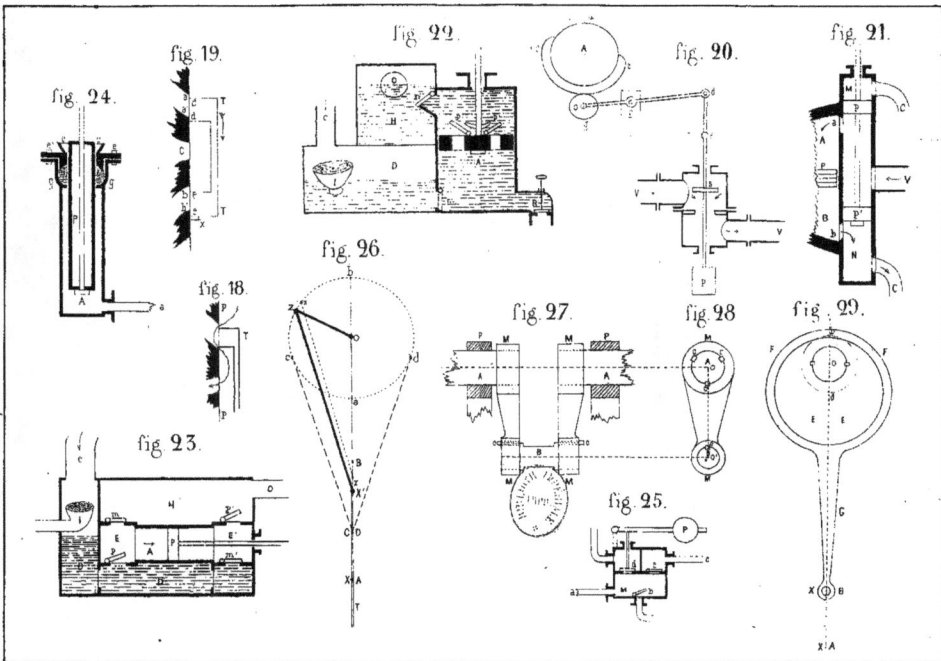

fig. 24.   fig. 19.   fig. 22.   fig. 20.   fig. 21.

fig. 26.

fig. 18.   fig. 27.   fig. 28.   fig. 29.

fig. 23.   fig. 25.

Rue du Chapitre, GUYON-LE POULIQUEN impr. Lith. S.t Brieuc

fig. 30.

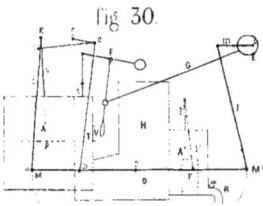

fig. 33.

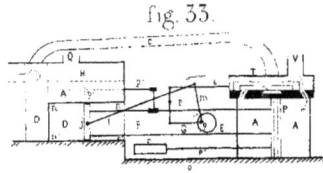

fig. 31.

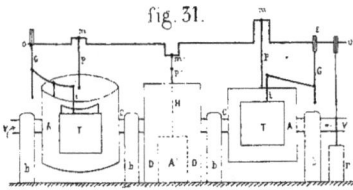

fig. 34.

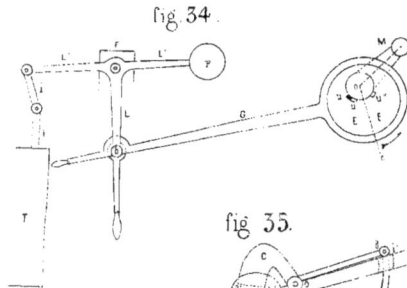

fig. 32.

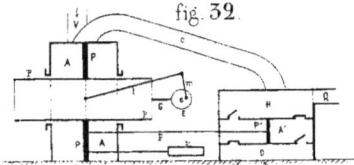

fig. 35.

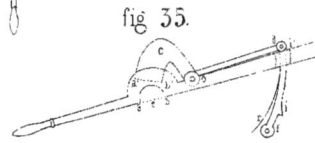

Rue du Chapitre, GUYON-LE POULIQUEN, Impr. Lith. St-Brieuc

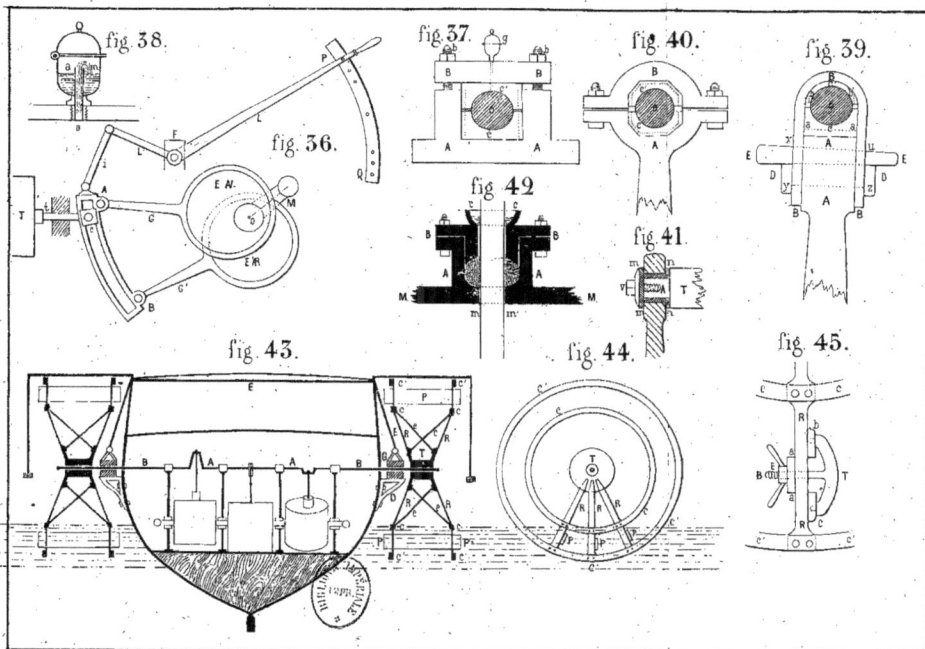

fig. 38.   fig. 37.   fig. 40.   fig. 39.

fig. 36.

fig. 42

fig. 41.

fig. 43.   fig. 44.   fig. 45.

Rue du Chapitre, GUYON; LE POULIQUEN, Imp.Lith. S.Brieuc.

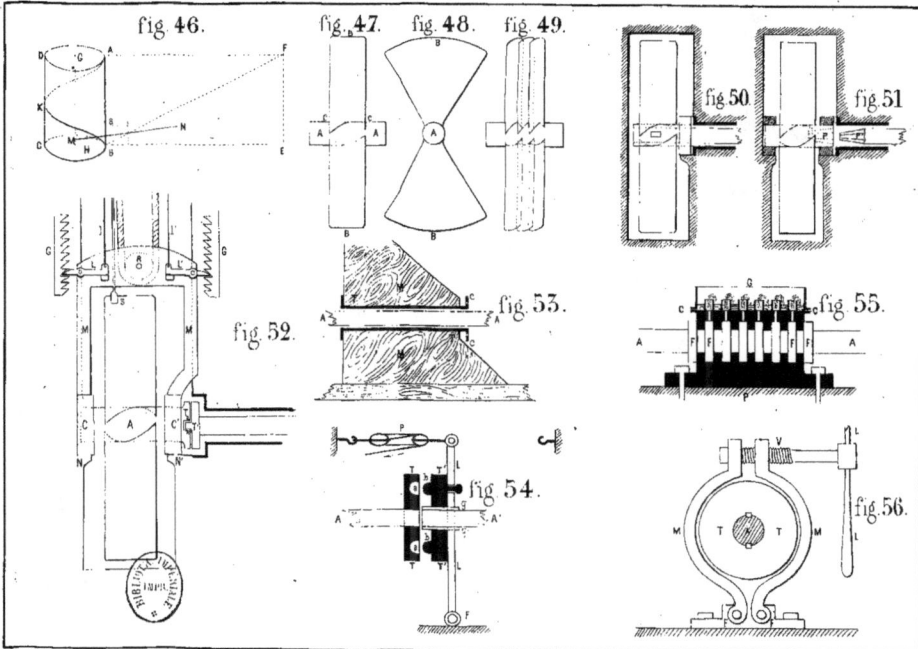

fig. 46. fig. 47. fig. 48. fig. 49. fig 50. fig 51.

fig. 52. fig. 53. fig. 54. fig. 55. fig. 56.

Pce du Chapitre. GUYON-LE POULIQUEN, Imp.e Lith.e S.t Brieuc.

G